La robotique par la pratique

Exercices et problèmes corrigés

Jacques Gangloff

Copyright © 2017 Jacques Gangloff

Réalisé avec LaTeX, en utilisant le style «Legrand Orange Book» par Mathias Legrand

ÉDITIONS **create**space

Première édition, septembre 2017

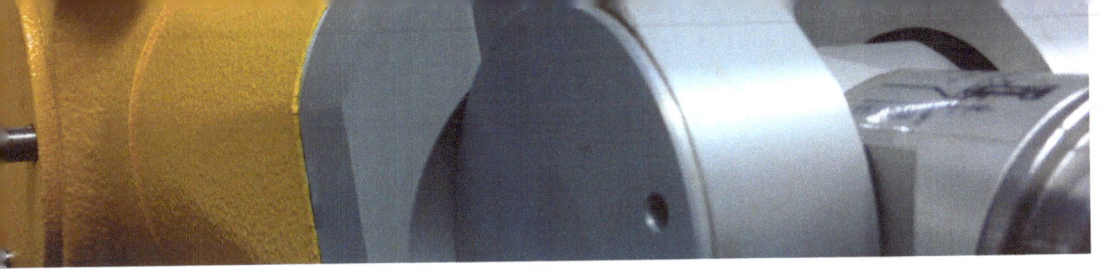

Table des matières

1 Introduction 5
- 1.1 **Préambule** — 5
- 1.2 **Contenu** — 7
- 1.3 **Flashcodes** — 7
- 1.4 **Notations** — 8
- 1.5 **Conventions** — 9
- 1.6 **Pour aller plus loin** — 9
- 1.7 **À propos de l'auteur** — 10

2 Exercices de base 11
- 2.1 **Questions de cours** — 11
  - 2.1.1 Questions basiques 11
  - 2.1.2 Questions avancées 16

2.2 Modèle géométrique et cinématique — 20
- 2.2.1 Robot TR 20
- 2.2.2 Robot sphérique RRR 25
- 2.2.3 Robot sphérique RRT 32
- 2.2.4 Robot sphérique RRT 37
- 2.2.5 Robot plan 43
- 2.2.6 Robot serpent 46

2.3 Modèle dynamique — 51
- 2.3.1 Modèle dynamique d'un SCARA 51
- 2.3.2 Découplage non linéaire 55
- 2.3.3 Modèle dynamique d'un TR 58
- 2.3.4 Modèle dynamique d'un robot 1R 66
- 2.3.5 Effet Coriolis 69

2.4 Commande — 75
- 2.4.1 Génération de trajectoire 75

3 Problèmes réels 77

3.1 Robots industriels — 77
- 3.1.1 Choix d'un robot 77
- 3.1.2 Robot VIPER 82
- 3.1.3 Robot suspendu 89
- 3.1.4 Robot SCARA low cost 94

3.2 Robots médicaux — 99
- 3.2.1 Robot de chirurgie 99
- 3.2.2 Robot de TMS 105

3.3 Autres applications — 111
- 3.3.1 Pelle mécanique 111
- 3.3.2 Robot coaster 121
- 3.3.3 Robot «big dog» 130
- 3.3.4 Grue de chantier 137

Bibliographie 143

Index 145

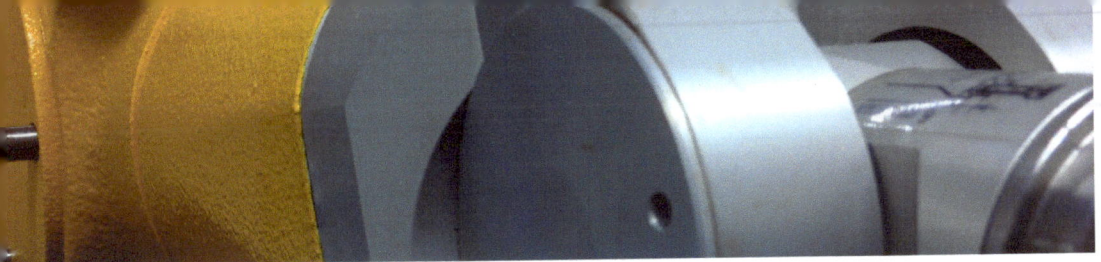

1. Introduction

1.1 Préambule

Ce recueil est un complément au cours de robotique de dernière année de l'école d'ingénieurs «Télécom Physique Strasbourg». Ce cours est accessible en ligne sur YouTube à l'adresse https://goo.gl/ErZ5H8 qui peut être flashée avec n'importe quel smartphone à l'aide du QR-code de la figure 1.1.

FIGURE 1.1 – Flashcode pour accéder au cours de robotique sur YouTube.

Les liens vers le matériel de cours (PDF des transparents, fichiers des TP) sont donnés dans le descriptif de la playlist (voir figure 1.2).

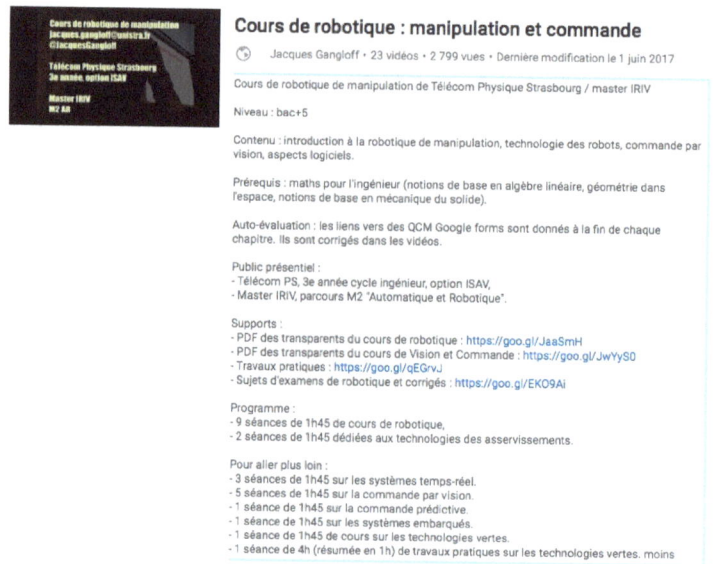

FIGURE 1.2 – Descriptif de la playlist du cours de robotique sur YouTube.

Les prérequis pour comprendre ce cours sont assez légers et englobent notamment :

- les mathématiques pour l'ingénieur (algèbre linéaire basique, dérivées partielles, intégrales multiples, équations différentielles, trigonométrie, géométrie dans l'espace, produit vectoriel et scalaire),
- des notions de base en mécanique (principe fondamental de la dynamique, inertie d'un corps en rotation, force centrifuge),
- et des notions de base en commande (transformée de Laplace, transformée en Z, correcteur PID).

Ils correspondent en général à un niveau de fin de deuxième année de cycle ingénieur ou master 1 dans le domaine de l'EEA.

1.2 Contenu

Cet ouvrage est une compilation de mes examens de robotique depuis 2002. Avant, je mettais à disposition sur un site web les sujets accompagnés parfois de courts éléments manuscrits de solutions. Dans ce livre, j'ai entièrement repris la rédaction détaillée des solutions à toutes les questions posées afin de faciliter la compréhension. J'ai également parfois retravaillé les sujets afin de les rendre les plus clairs possible (de nombreuses figures ont notamment été améliorées).

Les sujets ont été classés en fonction du problème traité. Dans le chapitre « Exercices de base » sont regroupés tous les exercices génériques. Ils ne portent pas sur des robots réels même si la démarche pourrait s'appliquer à toute une classe de robots industriels. Les différentes notions sont abordées dans le même ordre que le cours sur YouTube (modèle géométrique et cinématique, modèle dynamique, commande). La difficulté de chaque exercice est notée sur une échelle de 1 à 5 et indiquée au début des énoncés au moyen d'étoiles.

Les exercices du chapitre « Problèmes réels » sont tous liés à un système réel. Certains vont au-delà de la robotique industrielle, comme la pelle mécanique ou la grue de chantier. Néanmoins, pour ces systèmes, les problèmes ont tous été inspirés soit de mon travail de recherche, soit de sujets de stages qui ont été proposés aux étudiants ingénieurs de Télécom Physique Strasbourg au cours des dernières années.

1.3 Flashcodes

Tout au long de l'ouvrage, des liens sont donnés vers des séquences spécifiques des vidéos YouTube du cours en guise de rappels ou de compléments. Ces liens sont donnés de manière incrémentale et ne sont pas répétés. Il est donc conseillé d'aborder la lecture dans l'ordre proposé, c'est à dire en commençant par le premier exercice du chapitre 2 (Exercices de base).

Ces flashcodes sont de type « QR-code » et doivent être lus avec un logiciel adapté. Lorsque le code est analysé (flashé) par le logiciel de traitement d'images, le lien qu'il contient est extrait et la page web correspondante est automatiquement affichée.

Tous les liens de ce livre (une quarantaine) pointent vers des vidéos YouTube. Donc, sur un smartphone, ce lien va ouvrir l'application YouTube (si elle est installée) et démarrer automatiquement la lecture de la vidéo au bon endroit.

Sous iOS (iPhone, iPad), on pourra utiliser par exemple l'application « NeoReader ». Sous Android, on pourra utiliser « i-nigma ». Même si c'est moins pratique, il est possible aussi d'utiliser un ordinateur muni d'une webcam. Certains sites proposent de flasher le code en ligne.

1.4 Notations

Les notations de ce recueil d'exercices sont les mêmes que celles utilisées dans le cours. Il n'existe pas de norme dans ce domaine, mais une certaine logique commune se dégage. Les notations définies dans la table 1.1 tentent de respecter au mieux cette logique.

Notation	Explication
R_i	Repère numéro i
P	Point
^iP	Coordonnées du point P dans le repère R_i
$\vec{v}$ ou $\mathbf{v}$	Vecteur v
$^i\mathbf{v}$	Coordonnées du vecteur $\mathbf{v}$ dans le repère R_i
$\vec{OP}$ ou $\mathbf{OP}$	Vecteur défini par les points O et P
$^i(\mathbf{OP})$	Coordonnées de $\mathbf{OP}$ dans R_i
$\vec{u} \times \vec{v}$	Produit vectoriel entre $\vec{u}$ et $\vec{v}$
$\vec{u} \cdot \vec{v}$	Produit scalaire entre $\vec{u}$ et $\vec{v}$
$\mathbf{R}_{ij}$	Matrice de rotation du repère R_i vers le repère R_j
$\mathbf{M}_{ij}$	Matrice homogène du repère R_i vers le repère R_j

TABLE 1.1 – Notations

R Dans le tableau 1.1, pour les matrices de rotation et les matrices homogènes, si les entiers i ou j dépassent 9 on pourra mettre un espace entre les 2 pour les distinguer comme dans $\mathbf{R}_{9\,10}$. Ce cas n'est pas fréquent dans la mesure où les robots séries ont rarement plus de 7 axes.

1.5 Conventions

Les articulations des robots sont représentées en utilisant les conventions de la figure 1.3 (rotoïdes) et de la figure 1.4 (prismatiques).

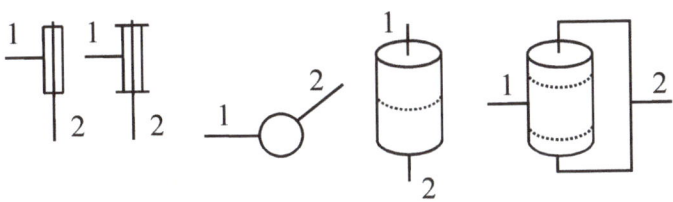

FIGURE 1.3 – Convention de représentation des axes en rotation entre les corps 1 et 2.

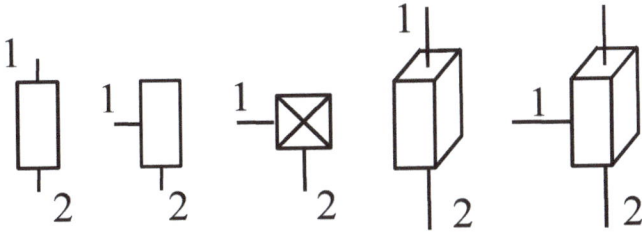

FIGURE 1.4 – Convention de représentation des axes en translation entre les corps 1 et 2.

1.6 Pour aller plus loin

Pour les lecteurs exclusivement francophones, l'ouvrage de E. Dombre et W. Khalil [DK99] est un bon point de départ. Il aborde toutes les notions utiles à ces exercices. Pour les lecteurs maîtrisant l'anglais, les livres de M. Spong *et collab.* [SHV05] et de J. Craig [Cra04] sont assez complémentaires. Ils couvrent toutes les notions de base en robotique de manière très pédagogique.

Pour aller plus loin, on pourra aussi se référer à [SK16], [AS86], [Lat91] ou [MLS17].

Les deux revues scientifiques de référence en robotique (celles qui ont le plus fort facteur d'impact) sont *IEEE Transactions on Robotics (IEEE TRO)* et *The International Journal of Robotics Research (IJRR)*.

Les deux conférences internationales de référence en robotique sont *IEEE International Conference on Robotics and Automation (ICRA)* et *IEEE/RSJ International Conference on Intelligent Robots and Systems (IROS)*.

1.7 À propos de l'auteur

Jacques Gangloff est un ancien élève de l'école normale supérieure de Cachan, agrégé de génie électrique et docteur en robotique. Il est actuellement professeur des universités à l'Université de Strasbourg. Il enseigne la robotique, l'automatique et l'informatique aux étudiants de l'école d'ingénieurs «Télécom Physique Strasbourg». Ses activités de recherche ont porté sur la robotique chirurgicale cardiaque et portent actuellement sur la commande des robots parallèles à câbles. Dans le cadre de ses activités de recherche, il a obtenu de nombreuses distinctions, dont le prix du meilleur article de la revue «IEEE Transactions on Robotics».

2. Exercices de base

2.1 Questions de cours

2.1.1 Questions basiques

Exercice 2.1 ★ ☆ ☆ ☆ ☆

1. Quelle architecture a le robot *direct drive* de la société Adept ?
2. Pourquoi les trajectoires générées par le générateur de trajectoire doivent-elles débuter et se terminer au même moment pour tous les axes ?
3. Quel est le rôle de la boucle de courant des variateurs ?
4. Pourquoi le 6 axes anthropomorphe s'appelle «anthropomorphe» ?
5. Quelle est la fréquence d'échantillonnage typique des boucles de position articulaire ?
6. Combien un robot 6 axes a-t-il de variateurs ?
7. Quelle est la résolution typique d'un synchro-résolveur ?

> 8. Quelle condition doit être remplie pour avoir un bon découplage non linéaire ?
> 9. Des 3 technologies d'actionneurs électriques, laquelle est la plus répandue en robotique actuellement ?
> 10. Le moteur pas à pas est-il utilisé en robotique ?

Question 1

En 1984, la société Adept sort sur le marché le premier robot SCARA utilisant la technologie d'actionnement *direct drive* où le rotor des moteurs est directement connecté au corps entrainé sans l'intermédiaire d'un réducteur. Il faut noter cependant que cette technologie a été abandonnée par la suite au profit d'un entraînement plus conventionnel, tout aussi performant et économiquement plus viable.

Rappel de cours 2.1.1 Flashez ce code pour plus d'informations sur le robot SCARA.

Question 2

En synchronisant le départ et l'arrivée de tous les axes du robot avec l'axe le plus lent, la trajectoire cartésienne de l'effecteur est beaucoup plus rectiligne que si on faisait fonctionner tous les axes à leurs vitesse et accélération maximales.

Rappel de cours 2.1.2 Flashez ce code pour plus d'informations sur la génération de trajectoire.

Question 3

La boucle de courant du variateur sert à protéger les composants de puissance. En régulant efficacement le courant, on peut

2.1 Questions de cours

le saturer à la valeur maximale tolérée par les interrupteurs du hacheur. Ainsi, contrairement à une protection par disjoncteur qui entrainerait une chute brutale de l'intensité du courant, donc du couple, la saturation n'entraine pas de baisse du couple, mais uniquement un maintien de celui-ci à sa valeur maximale lors des phases d'accélération et de décélération de l'axe.

Rappel de cours 2.1.3 Flashez ce code pour plus d'informations sur les variateurs.

Question 4

Le 6 axes anthropomorphe a une structure cinématique très proche du bras humain, d'où son nom.

Rappel de cours 2.1.4 Flashez ce code pour plus d'informations sur les robots 6 axes athropomorphes.

Question 5

La fréquence d'échantillonnage de la commande numérique des robots industriels est en général supérieure à 1 kHz.

Rappel de cours 2.1.5 Flashez ce code pour plus d'informations sur la commande numérique des robots.

Question 6

Il y a un variateur par moteur, donc 6 variateurs.

Question 7

Un synchro-resolver a un seul pas électrique par tour. Une porteuse à haute fréquence est modulée en amplitude par un transformateur rotatif dont la réluctance varie en fonction de la position angulaire. La modulation d'amplitude est sinusoïdale et sa période est de 1 tour. C'est l'interpolation de la sinusoïde qui permet d'augmenter artificiellement la résolution. Le pas minimum de cette interpolation est limité par le rapport signal/bruit du signal délivré par le synchro-resolver. Une valeur typique est 4000 points par tour.

Rappel de cours 2.1.6 Flashez ce code pour plus d'informations sur le synchro-resolver.

Question 8

Le découplage non linéaire est basé sur une pré compensation logicielle des non-linéarités du système de manière à aboutir à un double intégrateur entre la commande et la position articulaire. Cette pré compensation est basée sur une connaissance du modèle dynamique du robot et en particulier de sa matrice d'inertie. Si ce modèle est mal identifié, la compensation sera imparfaite et des non-linéarités subsisteront.

Rappel de cours 2.1.7 Flashez ce code pour plus d'informations sur découplage non linéaire.

Question 9

L'immense majorité des robots actuels (2017) sont mus par des moteurs synchrones triphasés à commande vectorielle aussi appelés *DC brushless*.

2.1 Questions de cours

Rappel de cours 2.1.8 Flashez ce code pour plus d'informations sur les actionneurs électriques.

Question 10

Le moteur pas à pas est exceptionnellement utilisé en robotique, plutôt pour des applications bas de gamme (robotique ludique, robotique éducative). Rares sont les robots industriels utilisant cette technologie. En effet, ses nombreux défauts (masse, bruit, vibrations, faible couple, faible vitesse, risque de saut de pas ...) sont la plupart du temps rédhibitoires.

2.1.2 Questions avancées

Exercice 2.2 ★★☆☆☆

1. Un train se déplace dans la direction sud vers le nord dans l'hémisphère nord. Il est soumis à l'effet Coriolis. De quel côté, est ou ouest sera-t-il déporté par cet effet ? Expliquer sur un schéma.
2. Un codeur couplé à l'arbre moteur d'un actionneur a 500 points par tour. Le facteur de réduction du réducteur est de 100. Quelle est la résolution angulaire en sortie de réducteur sachant qu'on réalise un comptage en quadruple précision ?
3. Quel actionneur entre le moteur asynchrone et le moteur synchrone a la constante de temps mécanique la plus faible. Justifier.
4. Un axe doit parcourir $\pi/2$ radians en suivant un profil de vitesse angulaire triangulaire ou trapézoïdal. La vitesse maximale est de 2π rad/s et l'accélération maximale est de 8π rad/s/s. Quel est le temps minimum pour parcourir cette trajectoire ?

Question 1

La situation décrite dans cette question est illustrée par la figure 2.1. Lorsque le train circule du sud au nord, sa distance d à l'axe de rotation de la Terre tend à diminuer. Donc le moment d'inertie du train autour de l'axe de rotation de la Terre tend à diminuer. Afin de conserver l'énergie cinétique de rotation de ce système (le train tournant autour de l'axe de la terre), il faudrait que sa vitesse de rotation augmente pour compenser la baisse de l'inertie. Une augmentation de la vitesse de rotation déporte le train vers l'est, mais cette force latérale est évidemment compensée par l'action des rails. Donc, le train subira une force latérale de l'ouest vers l'est qui tendrait à augmenter sa vitesse de rotation autour de l'axe de la terre. Dans la pratique, celle-ci ne va évidemment pas changer, en tout cas la variation de vitesse sera négligeable, car la masse du train est négligeable devant la masse de la terre. Néanmoins, avec le temps, on pourra observer

2.1 Questions de cours

une usure plus marquée des voies du côté droit des rails.

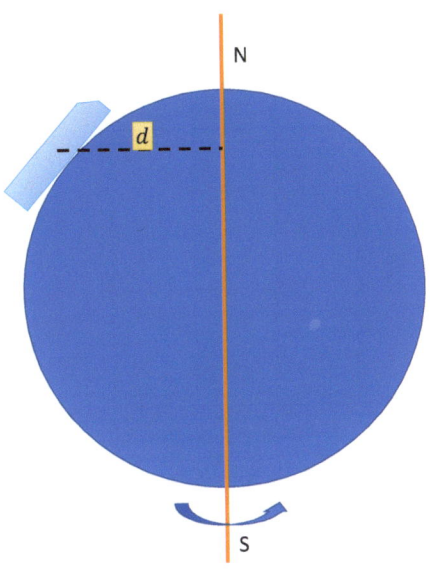

FIGURE 2.1 – Effet Coriolis sur un TGV.

Rappel de cours 2.1.9 Flashez ce code pour plus d'informations sur l'effet Coriolis.

Question 2

Le nombre de pas de quantification par tour en sortie de réducteur de la mesure de la position angulaire est $100 \times 500 \times 4 = 200\,000$.

Rappel de cours 2.1.10 Flashez ce code pour plus d'informations sur les codeurs incrémentaux.

Question 3

Le moteur asynchrone a une constante de temps mécanique légèrement plus faible, car, à couple utile équivalent, son rotor est moins lourd que celui d'une machine synchrone à aimants permanents. De plus, le moteur asynchrone est plus robuste, car son rotor supporte des températures plus élevées que celui des moteurs synchrones dont les aimants ont tendance à perdre leurs propriétés lorsque la température dépasse un certain seuil. Néanmoins, la commande vectorielle des machines asynchrones est légèrement plus complexe que celle des machines synchrones.

Rappel de cours 2.1.11 Flashez ce code pour plus d'informations sur les actionneurs électriques.

Question 4

Rappel de cours 2.1.12 Soient $^iA_{max}$, $^iV_{max}$, ^iq_A, ^iq_B respectivement l'accélération maximale, la vitesse maximale, la position de départ et la position d'arrivée de l'axe i d'un robot. On peut démontrer qu'avec un profil de vitesse trapézoïdal

2.1 Questions de cours

on a :

$$\begin{cases} {}^i t_c = \frac{{}^i V_{\max}}{{}^i A_{\max}} + \frac{{}^i q_B - {}^i q_A}{{}^i V_{\max}} & \text{si} \quad {}^i q_B - {}^i q_A > \frac{{}^i V_{\max}^2}{{}^i A_{\max}} \\ {}^i t_c = 2\sqrt{\frac{{}^i q_B - {}^i q_A}{{}^i A_{\max}}} & \text{si} \quad {}^i q_B - {}^i q_A \leq \frac{{}^i V_{\max}^2}{{}^i A_{\max}} \end{cases} \quad (2.1)$$

avec t_c le temps de cycle de l'axe.

D'après les équations 2.1, on est dans le cas de figure d'un profil de vitesse triangulaire. On a donc :

$$t_c = 2\sqrt{\frac{\pi/2}{8\pi}} = \frac{1}{2}$$

Rappel de cours 2.1.13 Flashez ce code pour plus d'informations sur la génération de trajectoire en robotique industrielle.

2.2 Modèle géométrique et cinématique

2.2.1 Robot TR

Rappel de cours 2.2.1 Un robot série est souvent désigné par la succession du type de ses articulations en allant de la base vers l'effecteur. Par exemple, un robot comprenant 3 rotations est désigné par «RRR» ou «3R», un robot comprenant 3 translations (liaisons prismatiques) est désigné par «TTT» ou «3T».

Rappel de cours 2.2.2 La convention de Denavit-Hartenberg qui permet de standardiser le modèle géométrique d'un robot est souvent désignée par «convention de DH».

Exercice 2.3 ★★☆☆☆

Soit le robot plan TR décrit par la figure 2.2. Ce robot est représenté dans la configuration où les coordonnées articulaires q_1 et q_2 sont nulles.

1. Donner le tableau de DH de ce robot.
2. A l'aide de la forme générale de la matrice de passage de DH, calculer $\mathbf{M}_{01}$ et $\mathbf{M}_{12}$. En déduire $\mathbf{M}_{02}$.
3. Calculer $\mathbf{M}_{02}$ pour $q_1 = q_2 = 0$ et pour $q_1 = 0$ et $q_2 = \pi/2$. Conclure quant à la validité du modèle géométrique.
4. Soit $\mathbf{V} = [V_x \ V_z]^T$ le vecteur vitesse du centre de l'organe terminal exprimé dans le repère R_0. V_x est la coordonnée de la vitesse suivant x_0 et V_z est la coordonnée suivant z_0. Donner l'expression du Jacobien $\mathbf{J}$ du robot reliant $\mathbf{V}$ à $\dot{\mathbf{q}} = [\dot{q}_1 \ \dot{q}_2]^T$ tel que $\mathbf{V} = \mathbf{J}\dot{\mathbf{q}}$.
5. Le robot est dans la position $q_1 = 0$ et $q_2 = -\pi/4$. Calculer $\mathbf{J}$ dans cette position. Donner l'expression des efforts articulaires τ_1 et τ_2 pour que la pince exerce sur l'environnement un effort vertical, dirigé vers le haut de 10 N.

2.2 Modèle géométrique et cinématique

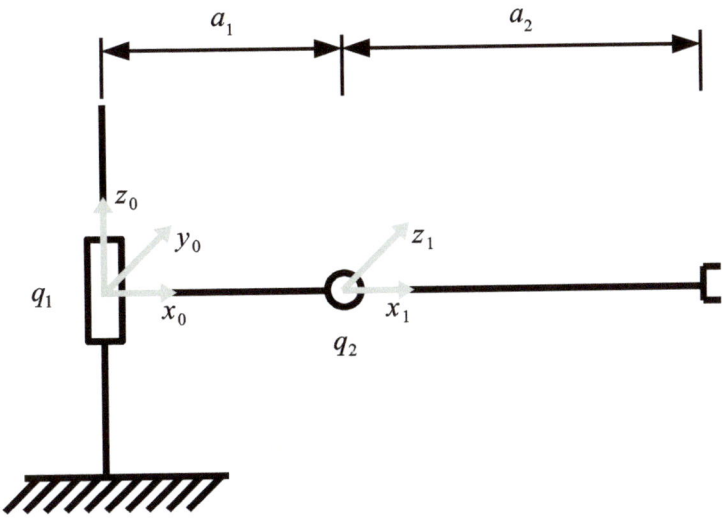

FIGURE 2.2 – Robot TR.

Question 1

L'origine du repère R_2 est placée au centre de la pince et ses axes sont parallèles à ceux du repère R_1 dans la configuration de la figure 2.2. Le tableau de DH correspondant est le suivant :

Axe	a_i	α_i	d_i	θ_i
1	a_1	$-\pi/2$	q_1	0
2	a_2	0	0	q_2

TABLE 2.1 – Tableau de DH du robot TR.

> **Rappel de cours 2.2.3** Flashez ce code pour plus d'informations sur la convention de DH.

Question 2

> **Rappel de cours 2.2.4** La forme générale de la matrice de passage de DH du repère R_i au repère R_j est la suivante :
>
> $$\mathbf{M}_{ij} = \begin{pmatrix} c\theta_i & -s\theta_i c\alpha_i & s\theta_i s\alpha_i & a_i c\theta_i \\ s\theta_i & c\theta_i c\alpha_i & -c\theta_i s\alpha_i & a_i s\theta_i \\ 0 & s\alpha_i & c\alpha_i & d_i \\ 0 & 0 & 0 & 1 \end{pmatrix} \quad (2.2)$$

En injectant les valeurs des lignes du tableau de DH dans (2.2) on trouve :

$$\mathbf{M}_{01} = \begin{pmatrix} 1 & 0 & 0 & a_1 \\ 0 & 0 & 1 & 0 \\ 0 & -1 & 0 & q_1 \\ 0 & 0 & 0 & 1 \end{pmatrix} \quad (2.3)$$

$$\mathbf{M}_{12} = \begin{pmatrix} c_2 & -s_2 & 0 & a_2 c_2 \\ s_2 & c_2 & 0 & a_2 s_2 \\ 0 & 0 & 1 & 0 \\ 0 & 0 & 0 & 1 \end{pmatrix} \quad (2.4)$$

avec $c_2 = \cos q_2$ et $s_2 = \sin q_2$.

On en déduit :

$$\mathbf{M}_{02} = \mathbf{M}_{01}\mathbf{M}_{12} = \begin{pmatrix} c_2 & -s_2 & 0 & a_2 c_2 + a_1 \\ 0 & 0 & 1 & 0 \\ -s_2 & -c_2 & 0 & -a_2 s_2 + q_1 \\ 0 & 0 & 0 & 1 \end{pmatrix} \quad (2.5)$$

> **Rappel de cours 2.2.5** Flashez ce code pour plus d'informations sur les propriétés des matrices homogènes.

2.2 Modèle géométrique et cinématique

Question 3

Pour $q_1 = q_2 = 0$ on a :

$$\mathbf{M}_{02} = \begin{pmatrix} 1 & 0 & 0 & a_2 + a_1 \\ 0 & 0 & 1 & 0 \\ 0 & -1 & 0 & 0 \\ 0 & 0 & 0 & 1 \end{pmatrix} \quad (2.6)$$

Pour $q_1 = 0$ et $q_2 = \pi/2$ (corps 2 vertical, pince vers le bas) on a :

$$\mathbf{M}_{02} = \begin{pmatrix} 0 & -1 & 0 & a_1 \\ 0 & 0 & 1 & 0 \\ -1 & 0 & 0 & -a_2 \\ 0 & 0 & 0 & 1 \end{pmatrix} \quad (2.7)$$

On vérifie que dans ces 2 configurations les vecteurs colonne de $\mathbf{M}_{02}$ sont les coordonnées de x_2, y_2 et z_2 dans R_0 et que le vecteur de translation de $\mathbf{M}_{02}$ donne les coordonnées de O_2 dans R_0.

> **Rappel de cours 2.2.6** Flashez ce code pour avoir un exemple traité en cours de modélisation géométrique d'un robot TRR.

Question 4

De (2.5) on retire T_x et T_z, les coordonnées de O_2 dans R_0 :

$$T_x = a_2 c_2 + a_1$$
$$T_z = -a_2 s_2 + q_1$$

On en déduit :

$$V_x = \frac{dT_x}{dt} = -a_2 s_2 \dot{q}_2$$
$$V_z = \frac{dT_z}{dt} = -a_2 c_2 \dot{q}_2 + \dot{q}_1$$

D'où finalement :

$$\mathbf{J} = \begin{pmatrix} 0 & -a_2 s_2 \\ 1 & -a_2 c_2 \end{pmatrix} \quad (2.8)$$

Rappel de cours 2.2.7 Flashez ce code pour plus d'informations sur le Jacobien d'un robot.

Question 5

Dans la configuration où $q_1 = 0$ et $q_2 = -\pi/4$ on a :

$$\mathbf{J} = \begin{pmatrix} 0 & a_2 \frac{\sqrt{2}}{2} \\ 1 & -a_2 \frac{\sqrt{2}}{2} \end{pmatrix} \tag{2.9}$$

Soit $\mathbf{F} = [0\ 10]^T$, les coordonnées de la force à exercer sur l'extérieur dans le repère $(O_0\ x_0\ z_0)$. En quasi statique, on a $[\tau_1\ \tau_2]^T = \mathbf{J}^T \mathbf{F}$. D'où :

$$\begin{pmatrix} \tau_1 \\ \tau_2 \end{pmatrix} = \begin{pmatrix} 0 & 1 \\ a_2 \frac{\sqrt{2}}{2} & -a_2 \frac{\sqrt{2}}{2} \end{pmatrix} \begin{pmatrix} 0 \\ 10 \end{pmatrix} = \begin{pmatrix} 10 \\ -a_2 \frac{10\sqrt{2}}{2} \end{pmatrix}$$

2.2.2 Robot sphérique RRR

Exercice 2.4 ★ ★ ★ ★ ☆

Soit le robot à 3 axes rotoïdes représenté sur la figure 2.3 dans la position où toutes les coordonnées articulaires sont nulles.

1. Placer les repères R_0 à R_3 en respectant la convention de Denavit-Hartenberg. Les axes z seront orientés vers le haut ou vers l'arrière et les axes x vers la gauche ou vers le haut.
2. Donner le tableau de DH de ce robot. En déduire la transformation $\mathbf{M}_{03}$. On pourra s'aider des résultats du cours. Donner le Jacobien 3x3 de ce robot reliant $^0\mathbf{V}^{O_3}$, le vecteur vitesse de O_3 exprimé dans le repère de base, à $\dot{q}$, le vecteur des vitesses articulaires.
3. Dans la configuration représentée sur la figure 2.3, on veut que la pince exerce un effort statique $\mathbf{F}$ sur l'environnement dont les coordonnées dans R_0 sont $[1\ 0\ 0]^T$. Donner les couples que doivent fournir les actionneurs pour appliquer cette force.

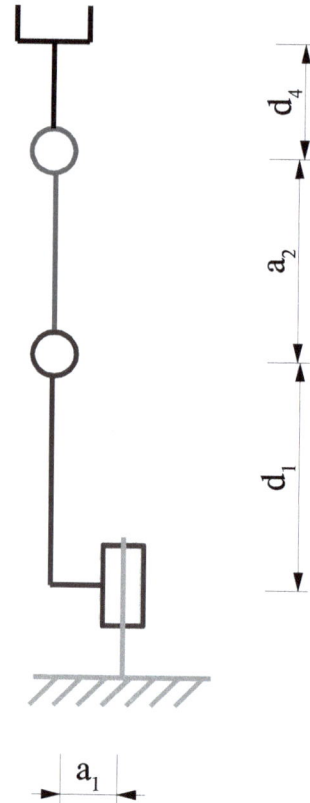

FIGURE 2.3 – Robot 3R.

Question 1

Les repères sont placés conformément à la convention de DH comme indiqué dans la figure 2.4.

Rappel de cours 2.2.8 Flashez ce code pour plus d'informations sur le placement des repères de DH.

2.2 Modèle géométrique et cinématique

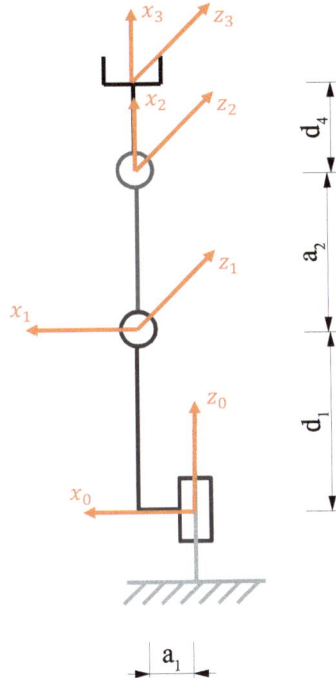

FIGURE 2.4 – Repères du robot sphérique.

Question 2

Le choix des repères de la figure 2.4 conduit au tableau de DH suivant :

Axe	a_i	α_i	d_i	θ_i
1	a_1	$\pi/2$	d_1	q_1
2	a_2	0	0	$q_2 + \pi/2$
3	d_4	0	0	q_3

TABLE 2.2 – Tableau de DH du robot sphérique.

On en déduit la matrice homogène $\mathbf{M}_{03}$ dont les termes r_{ij}

de la sous-matrice de rotation sont les suivants :

$$
\begin{aligned}
r_{11} &= -\frac{1}{2}\sin(q_3+q_1+q_2)+\frac{1}{2}\sin(-q_3+q_1-q_2)\\
r_{12} &= -\frac{1}{2}\cos(q_3+q_1+q_2)-\frac{1}{2}\cos(-q_3+q_1-q_2)\\
r_{13} &= \sin(q_1)\\
r_{21} &= -\frac{1}{2}\cos(-q_3+q_1-q_2)+\frac{1}{2}\cos(q_3+q_1+q_2)\\
r_{22} &= -\frac{1}{2}\sin(-q_3+q_1-q_2)-\frac{1}{2}\sin(q_3+q_1+q_2)\\
r_{23} &= -\cos(q_1)\\
r_{31} &= \cos(q_2+q_3)\\
r_{32} &= -\sin(q_2+q_3)\\
r_{33} &= 0
\end{aligned}
$$

et dont les termes T_x, T_y et T_z de translation sont les suivants :

$$
\begin{aligned}
T_x &= -\frac{1}{2}d_4\sin(q_3+q_1+q_2)+\frac{1}{2}d_4\sin(-q_3+q_1-q_2)\\
&\quad -\frac{1}{2}a_2\sin(q_1+q_2)+\frac{1}{2}a_2\sin(q_1-q_2)+\cos(q_1)a_1\\
T_y &= -\frac{1}{2}d_4\cos(-q_3+q_1-q_2)+\frac{1}{2}d_4\cos(q_3+q_1+q_2)\\
&\quad -\frac{1}{2}a_2\cos(q_1-q_2)+\frac{1}{2}a_2\cos(q_1+q_2)+\sin(q_1)a_1\\
T_z &= d_1+\cos(q_2)a_2+\cos(q_2+q_3)d_4
\end{aligned}
$$

En dérivant partiellement ces termes par q_1, q_2 et q_3 on en déduit

2.2 Modèle géométrique et cinématique

les termes j_{kl} de la matrice Jacobienne :

$$j_{11} = -\frac{1}{2}d_4\cos(q_3+q_1+q_2)+\frac{1}{2}d_4\cos(-q_3+q_1-q_2)$$
$$-\frac{1}{2}a_2\cos(q_1+q_2)+\frac{1}{2}a_2\cos(q_1-q_2)-\sin(q_1)a_1$$

$$j_{12} = -\frac{1}{2}d_4\cos(q_3+q_1+q_2)-\frac{1}{2}d_4\cos(-q_3+q_1-q_2)$$
$$-\frac{1}{2}a_2\cos(q_1+q_2)-\frac{1}{2}a_2\cos(q_1-q_2)$$

$$j_{13} = -\frac{1}{2}d_4(\cos(q_3+q_1+q_2)+\cos(-q_3+q_1-q_2))$$

$$j_{21} = -\frac{1}{2}d_4\sin(q_3+q_1+q_2)+\frac{1}{2}d_4\sin(-q_3+q_1-q_2)$$
$$-\frac{1}{2}a_2\sin(q_1+q_2)+\frac{1}{2}a_2\sin(q_1-q_2)+\cos(q_1)a_1$$

$$j_{22} = -\frac{1}{2}d_4\sin(-q_3+q_1-q_2)-\frac{1}{2}d_4\sin(q_3+q_1+q_2)$$
$$-\frac{1}{2}a_2\sin(q_1-q_2)-\frac{1}{2}a_2\sin(q_1+q_2)$$

$$j_{23} = -\frac{1}{2}d_4(\sin(-q_3+q_1-q_2)+\sin(q_3+q_1+q_2))$$

$$j_{31} = 0$$
$$j_{32} = -\sin(q_2)a_2-\sin(q_2+q_3)d_4$$
$$j_{33} = -\sin(q_2+q_3)d_4$$

R Le code Matlab qui permet de calculer le modèle géométrique et le Jacobien est le suivant (nécessite la toolbox Maple) :

```
% MGD
syms q1 q2 q3 a1 d1 a2 d4;
Pi=sym(pi);

a=a1;al=Pi/2;d=d1;t=q1;
M01=[
cos(t)  -sin(t)*cos(al)  sin(t)*sin(al)   a*cos(t);
sin(t)   cos(t)*cos(al) -cos(t)*sin(al)   a*sin(t);
0        sin(al)         cos(al)          d;
0        0               0                1
]
a=a2;al=0;d=0;t=q2+Pi/2;
```

```
M12=[
cos(t)  -sin(t)*cos(al)  sin(t)*sin(al)   a*cos(t);
sin(t)   cos(t)*cos(al) -cos(t)*sin(al)   a*sin(t);
0        sin(al)          cos(al)         d;
0        0                0               1
]
a=d4;al=0;d=0;t=q3;
M23=[
cos(t)  -sin(t)*cos(al)  sin(t)*sin(al)   a*cos(t);
sin(t)   cos(t)*cos(al) -cos(t)*sin(al)   a*sin(t);
0        sin(al)          cos(al)         d;
0        0                0               1
]
M03=M01*M12*M23;
M03=maple('combine',M03,'trig')

% Jacobien
Tx=M03(1,4)
Ty=M03(2,4)
Tz=M03(3,4)

j11=simple(diff(Tx,q1))
j12=simple(diff(Tx,q2))
j13=simple(diff(Tx,q3))
j21=simple(diff(Ty,q1))
j22=simple(diff(Ty,q2))
j23=simple(diff(Ty,q3))
j31=simple(diff(Tz,q1))
j32=simple(diff(Tz,q2))
j33=simple(diff(Tz,q3))

J=[j11 j12 j13;j21 j22 j23;j31 j32 j33]
```

Il utilise la matrice de passage générique de DH dans laquelle il injecte successivement chaque ligne du tableau de DH pour obtenir les matrices homogènes intermédiaires.

Question 3

En quasi statique, on peut utiliser le Jacobien transposé pour calculer les efforts des moteurs Γ en fonction d'un torseur d'effort $\mathbf{F}$ que l'effecteur applique à l'environnement :

$$\Gamma = \mathbf{J}^T \mathbf{F} \qquad (2.10)$$

2.2 Modèle géométrique et cinématique

Dans la position de la figure où toutes les variables articulaires sont nulles, on a :

$$\mathbf{J} = \begin{pmatrix} 0 & -d_4 - a_2 & -d_4 \\ a_1 & 0 & 0 \\ 0 & 0 & 0 \end{pmatrix} \quad (2.11)$$

Pour réaliser le **F** indiqué dans le sujet, on en déduit :

$$\Gamma = \begin{pmatrix} 0 \\ -d_4 - a_2 \\ -d_4 \end{pmatrix} \quad (2.12)$$

> **R** Il est normal que le moteur 1 ne contribue pas à une force extérieure suivant l'axe x_0 dans la configuration nulle du robot, car la droite définie par la force extérieure et son point d'application coupe l'axe 1 du robot.

> **R** Il est normal que les couples des moteurs 2 et 3 aient un signe négatif, car pour générer une force au niveau de l'effecteur suivant x_0, il faut que les moteurs exercent un couple négatif (règle du tire-bouchon avec z_1 et z_2).

Rappel de cours 2.2.9 Flashez ce code pour plus d'informations sur le calcul des efforts en quasi statique.

2.2.3 Robot sphérique RRT

Exercice 2.5 ★ ★ ★ ☆ ☆

Soit un robot sphérique de type RRT. La figure 2.5 représente ce robot dans la position où toutes les coordonnées articulaires sont nulles sauf d_3^*.

1. Placer les repères associés à chacun des corps en respectant la convention de DH. On veillera à simplifier au maximum le tableau de DH et à respecter la contrainte sur le dernier repère (axe y dans le sens de fermeture de la pince).
2. Donner le tableau de DH de ce robot.
3. Donner la matrice homogène de transformation $\mathbf{M}_{03}$ entre le repère de base R_0 et le repère terminal R_3 en fonction des coordonnées articulaires Θ_1^*, Θ_2^* et d_3^*.
4. Donner l'expression de $\mathbf{M}_{03}$ pour $[\Theta_1^* \; \Theta_2^* \; d_3^*] = [0 \; 0 \; 0]$ et pour $[\Theta_1^* \; \Theta_2^* \; d_3^*] = [0 \; -\pi/2 \; 0]$. Vérifier la validité de votre modèle géométrique.
5. Donner l'expression du Jacobien $\mathbf{J}$ de ce robot qui relie les vitesses articulaires $[\dot{\Theta}_1^* \; \dot{\Theta}_2^* \; \dot{d}_3^*]^T$ aux vitesses de translation $[V_x \; V_y \; V_z]^T$ dans le repère de base en fonction des positions articulaires Θ_1^*, Θ_2^* et d_3^*.
6. Donner l'expression de $\mathbf{J}$ pour $[\Theta_1^* \; \Theta_2^* \; d_3^*] = [0 \; 0 \; 0]$. On veut exercer une force $\mathbf{F}$ sur l'environnement dont les coordonnées dans le repère de base sont $\mathbf{F} = [1 \; 1 \; 1]^T$ en Newton. On suppose que le robot est statique. Donner le vecteur Γ des efforts au niveau articulaire pour obtenir $\mathbf{F}$.

2.2 Modèle géométrique et cinématique

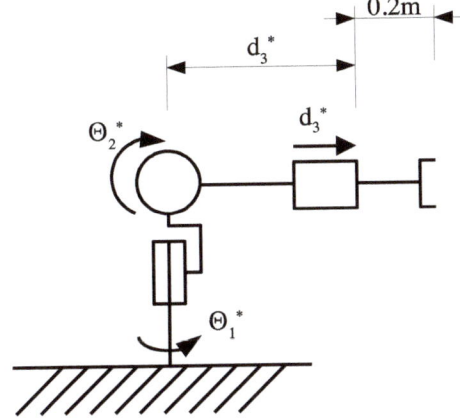

FIGURE 2.5 – Robot sphérique.

Question 1

On place les repères en respectant la convention de DH comme représenté dans la figure 2.6.

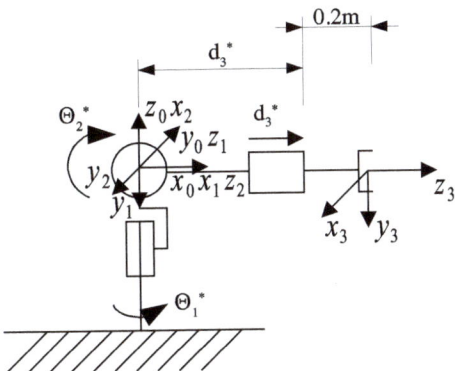

FIGURE 2.6 – Placement des repères de DH sur le robot RRT.

> **R** En l'absence d'indications dimensionnelles sur la position de la base du robot par rapport à l'axe 2, on place l'origine du repère R_0 au niveau de l'axe 2. Cela permet de simplifier le modèle en évitant d'introduire des termes inutilisés.

Lorsque $d_3^* = 0$, le centre de la pince est à 0,2 m de l'axe 2.

Rappel de cours 2.2.10 Flashez ce code pour plus d'informations sur les cas particuliers du placement des repères de DH.

Question 2

Le tableau de DH correspondant aux repères de la figure 2.6 est le suivant :

Axe	a_i	α_i	d_i	θ_i
1	0	$-\pi/2$	0	θ_1^*
2	0	$-\pi/2$	0	$\theta_2^* - \pi/2$
3	0	0	$d_3^* + 0,2$	$\pi/2$

TABLE 2.3 – Tableau de DH du robot RRT.

Rappel de cours 2.2.11 Flashez ce code pour plus d'informations sur la définition des paramètres de DH.

Question 3

On obtient :

$$\mathbf{M}_{03} = \begin{pmatrix} s_1 & -c_1 s_2 & c_1 c_2 & c_1 c_2 (d_3^* + 0,2) \\ -c_1 & -s_1 s_2 & s_1 c_2 & s_1 c_2 (d_3^* + 0,2) \\ 0 & -c_2 & -s_2 & (-d_3^* - 0,2) s_2 \\ 0 & 0 & 0 & 1 \end{pmatrix}$$

2.2 Modèle géométrique et cinématique

avec :

$$s_1 = \sin\theta_1^*$$
$$c_1 = \cos\theta_1^*$$
$$s_2 = \sin\theta_2^*$$
$$c_2 = \cos\theta_2^*$$

Question 4

Pour $[\Theta_1^* \ \Theta_2^* \ d_3^*] = [0\ 0\ 0]$ on a :

$$\mathbf{M}_{03} = \begin{pmatrix} 0 & 0 & 1 & 0{,}2 \\ -1 & 0 & 0 & 0 \\ 0 & -1 & 0 & 0 \\ 0 & 0 & 0 & 1 \end{pmatrix}$$

On vérifie que les 3 vecteurs colonne de la sous-matrice de rotation correspondent bien aux coordonnées des vecteurs x_3, y_3 et z_3 de R_3 dans R_0 dans la configuration représentée par la figure 2.6. De même, on vérifie que le vecteur de translation de $\mathbf{M}_{03}$ donne bien les coordonnées de l'origine O_3 de R_3 dans R_0.

Pour $[\Theta_1^* \ \Theta_2^* \ d_3^*] = [0 \ -\pi/2 \ 0]$ on a :

$$\mathbf{M}_{03} = \begin{pmatrix} 0 & 1 & 0 & 0 \\ -1 & 0 & 0 & 0 \\ 0 & 0 & 1 & 0{,}2 \\ 0 & 0 & 0 & 1 \end{pmatrix}$$

Cela correspond à la configuration bras vertical. On vérifie que dans ce cas, le point O_3 étant sur l'axe z_0, ses coordonnées dans le repère de base sont toutes nulles sauf suivant z. On vérifie aussi que les 3 vecteurs colonne de la sous-matrice de rotation correspondent bien aux coordonnées des vecteurs x_3, y_3 et z_3 de R_3 dans R_0.

> **Rappel de cours 2.2.12** Flashez ce code pour un exemple de vérification du modèle géométrique.
>
>

Question 5

En dérivant partiellement les termes de translation de $\mathbf{M}_{03}$ par θ_1^*, θ_2^* et d_3^*, on en déduit les termes j_{kl} de la matrice Jacobienne :

$$\mathbf{J} = \begin{pmatrix} -s_1 c_2 (d_3 + 0{,}2) & -c_1 s_2 (d_3 + 0{,}2) & c_1 c_2 \\ c_1 c_2 (d_3 + 0{,}2) & -s_1 s_2 (d_3 + 0{,}2) & s_1 c_2 \\ 0 & (-d_3 - 0{,}2) c_2 & -s_2 \end{pmatrix} \quad (2.13)$$

Rappel de cours 2.2.13 Flashez ce code pour un exemple de calcul de Jacobien.

Question 6

En annulant toutes les variables articulaires dans 2.13 on obtient :

$$\mathbf{J}(\mathbf{0}) = \begin{pmatrix} 0 & 0 & 1 \\ 0{,}2 & 0 & 0 \\ 0 & -0{,}2 & 0 \end{pmatrix} \quad (2.14)$$

On en déduit le vecteur Γ des efforts articulaires (2 couples et une force) :

$$\begin{aligned} \Gamma &= \mathbf{J}^T(\mathbf{0})\mathbf{F} \\ &= \begin{pmatrix} 0 & 0{,}2 & 0 \\ 0 & 0 & -0{,}2 \\ 1 & 0 & 0 \end{pmatrix} \begin{pmatrix} 1 \\ 1 \\ 1 \end{pmatrix} \\ &= \begin{pmatrix} 0{,}2 \\ -0{,}2 \\ 1 \end{pmatrix} \end{aligned}$$

2.2 Modèle géométrique et cinématique

2.2.4 Robot sphérique RRT

Exercice 2.6 ★ ★ ★ ☆ ☆

Soit le robot RRT décrit par la figure 2.7. Ce robot est représenté dans la configuration où les coordonnées articulaires q_1 et q_2 sont nulles.

1. Placer les repères en respectant la convention de DH et de telle manière que :
   — L'origine du repère R_0 soit au niveau du sol
   — L'origine du repère R_3 soit au centre de la pince
   — Les axes x pointent vers la droite
   — Les axes z soient vers le haut sauf z_1.
2. Lorsque $q_3 = 0$, l'origine du repère R_3 est confondue avec celle du repère R_2. Donner le tableau de DH de ce robot.
3. Calculer $\mathbf{M}_{03}$, la matrice de transformation entre R_0, le repère de base et R_3, le repère lié à l'organe terminal.
4. Vérifier M_{03} pour $q_1 = q_2 = q_3 = 0$ et pour $q_1 = 0$, $q_2 = \pi/2$, $q_3 = 1$.
5. Donner la ou les fonctions F_i du modèle géométrique inverse de ce robot telle(s) que $(q_1, q_2, q_3) = F_i(x, y, z)$ où (x, y, z) sont les coordonnées du centre de la pince dans le repère de base.
6. Soit $d_1 = 1$ m, $q_1 \in [-\pi/2 \ \pi/2]$, $q_2 \in [0 \ 3\pi/4]$, $q_3 \in [0{,}5 \ 1{,}5]$. Déterminer (q_1, q_2, q_3) sachant que $(x, y, z) = (1, 1, 1)$.
7. Donner le Jacobien direct de ce robot qui relie la vitesse de translation de la pince aux vitesses articulaires.
8. Soit $\mathbf{V}^T = (0 \ -1 \ 0)$, la vitesse de la pince (vitesse de l'origine du dernier repère) exprimée dans le repère de base. Donner les vitesses articulaires correspondantes lorsque le robot est dans la position déterminée à la question 6.

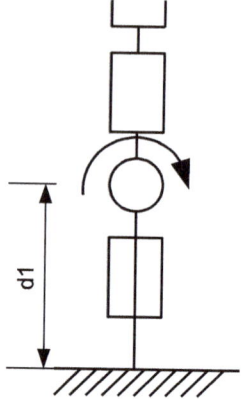

FIGURE 2.7 – Robot sphérique.

Question 1

On place les repères conformément à la figure 2.8.

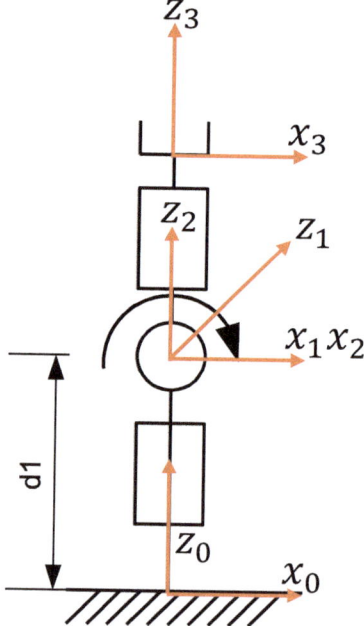

FIGURE 2.8 – Robot sphérique : placement des repères de DH

2.2 Modèle géométrique et cinématique

Question 2

Le tableau de DH correspondant à la figure 2.8 est le suivant :

Axe	a_i	α_i	d_i	θ_i
1	0	$-\pi/2$	d_1	q_1
2	0	$\pi/2$	0	q_2
3	0	0	q_3	0

TABLE 2.4 – Tableau de DH du robot sphérique.

Question 3

En injectant chaque ligne du tableau de DH dans la matrice générique de passage de DH, on obtient :

$$\mathbf{M}_{01} = \begin{pmatrix} c_1 & 0 & -s_1 & 0 \\ s_1 & 0 & c_1 & 0 \\ 0 & -1 & 0 & d_1 \\ 0 & 0 & 0 & 1 \end{pmatrix} \qquad (2.15)$$

$$\mathbf{M}_{12} = \begin{pmatrix} c_2 & 0 & s_2 & 0 \\ s_2 & 0 & -c_2 & 0 \\ 0 & 1 & 0 & 0 \\ 0 & 0 & 0 & 1 \end{pmatrix} \qquad (2.16)$$

$$\mathbf{M}_{23} = \begin{pmatrix} 1 & 0 & 0 & 0 \\ 0 & 1 & 0 & 0 \\ 0 & 0 & 1 & q_3 \\ 0 & 0 & 0 & 1 \end{pmatrix} \qquad (2.17)$$

et finalement :

$$\mathbf{M}_{03} = \mathbf{M}_{01}\mathbf{M}_{12}\mathbf{M}_{23} = \begin{pmatrix} c_1 c_2 & -s_1 & c_1 s_2 & c_1 s_2 q_3 \\ s_1 c_2 & c_1 & s_1 s_2 & s_1 s_2 q_3 \\ -s_2 & 0 & c_2 & c_2 q_3 + d_1 \\ 0 & 0 & 0 & 1 \end{pmatrix} \qquad (2.18)$$

avec $c_i = \cos q_i$ et $s_i = \sin q_i$.

Question 4

Pour $q_1 = q_2 = q_3 = 0$ on a :

$$\mathbf{M}_{03} = \begin{pmatrix} 1 & 0 & 0 & 0 \\ 0 & 1 & 0 & 0 \\ 0 & 0 & 1 & d_1 \\ 0 & 0 & 0 & 1 \end{pmatrix}$$

Et pour $q_1 = 0$, $q_2 = \pi/2$, $q_3 = 1$ on a :

$$\mathbf{M}_{03} = \begin{pmatrix} 0 & 0 & 1 & 1 \\ 0 & 1 & 0 & 0 \\ -1 & 0 & 0 & d_1 \\ 0 & 0 & 0 & 1 \end{pmatrix}$$

On vérifie dans ces 2 configurations particulières que les vecteurs colonne de $\mathbf{M}_{03}$ donnent les coordonnées de x_3, y_3 et z_3 dans le repère R_0 et que la translation de $\mathbf{M}_{03}$ donne les coordonnées de O_3 dans R_0.

Question 5

On trouve q_1 et q_2 en se plaçant respectivement dans les plans $(x_0\ O_0\ y_0)$ et $(x_1\ O_1\ y_1)$ et en raisonnement géométriquement :

$$q_1 = \mathrm{atan2}(y,x)$$

ou

$$q_1 = \pi + \mathrm{atan2}(y,x)$$
$$q_2 = \frac{\pi}{2} - \mathrm{atan2}\left(z - d_1, \sqrt{x^2 + y^2}\right)$$

ou

$$q_2 = -\frac{\pi}{2} + \mathrm{atan2}\left(z - d_1, \sqrt{x^2 + y^2}\right)$$
$$q_3 = \sqrt{(z - d_2)^2 + x^2 + y^2}$$

R L'opérateur atan2 (défini sous Matlab ou dans la `libc`) admet deux arguments : le sinus et le cosinus de l'angle. Contrairement à l'arc-tangente dont le résultat est compris entre $-\pi/2$ et $\pi/2$, atan2 a un résultat compris entre $-\pi$ et π. Comme la fonction a accès séparément au sinus et au cosinus de l'angle, l'algorithme est capable de situer l'angle dans le bon quadrant.

2.2 Modèle géométrique et cinématique

Rappel de cours 2.2.14 Flashez ce code pour un exemple de calcul d'un modèle géométrique inverse.

Question 6

Application numérique :

$$q_1 = \operatorname{atan2}(1,1) = \frac{\pi}{4}$$
$$q_2 = \frac{\pi}{2} - \operatorname{atan2}\left(0,\sqrt{2}\right) = \frac{\pi}{2}$$
$$q_3 = \sqrt{2}$$

Question 7

Les 3 lignes du Jacobien $\mathbf{J}$ s'obtiennent en dérivant partiellement successivement les 3 coordonnées de translation de (2.18) par rapport à q_1, q_2 et q_3 :

$$\mathbf{J} = \begin{pmatrix} -s_1 s_2 q_3 & c_1 c_2 q_3 & c_1 s_2 \\ c_1 s_2 q_3 & s_1 c_2 q_3 & s_1 s_2 \\ 0 & -s_2 q_3 & c_2 \end{pmatrix}$$

Question 8

On veut réaliser :

$$^0\mathbf{V}_{03}^{O_3} = \begin{pmatrix} 0 \\ -1 \\ 0 \end{pmatrix} \qquad (2.19)$$

lorsque le robot est dans la position $q_1 = \pi/4$, $q_2 = \pi/2$ et $q_3 = \sqrt{2}$.

Dans cette position, on a :

$$\mathbf{J} = \begin{pmatrix} -1 & 0 & \frac{\sqrt{2}}{2} \\ 1 & 0 & \frac{\sqrt{2}}{2} \\ 0 & -\sqrt{2} & 0 \end{pmatrix}$$

D'où :

$$\mathbf{J}^{-1} = \begin{pmatrix} -0{,}5 & 0{,}5 & 0 \\ 0 & 0 & -\frac{\sqrt{2}}{2} \\ \frac{\sqrt{2}}{2} & \frac{\sqrt{2}}{2} & 0 \end{pmatrix}$$

On en déduit :

$$\begin{pmatrix} \dot{q}_1 \\ \dot{q}_2 \\ \dot{q}_3 \end{pmatrix} = \mathbf{J}^{-1} \left({}^0\mathbf{V}_{03}^{O_3} \right) = \begin{pmatrix} -0{,}5 \\ 0 \\ -\frac{\sqrt{2}}{2} \end{pmatrix}$$

Rappel de cours 2.2.15 Flashez ce code pour plus d'informations sur le Jacobien inverse.

2.2 Modèle géométrique et cinématique

2.2.5 Robot plan

Exercice 2.7 ★★☆☆☆

Soit le robot plan RRT décrit par la figure 2.9. Ce robot est représenté dans la configuration où les coordonnées articulaires q_1, q_2 et q_3 sont nulles.

1. Placer les repères en respectant le sens + des axes, en mettant les axes x vers le haut et en maximisant la simplification du tableau de DH (la direction de fermeture de la pince est exceptionnellement suivant x_3).
2. Donner le tableau de DH de ce robot.
3. Calculer $\mathbf{M}_{03}$ et vérifier la validité sur une configuration particulière.

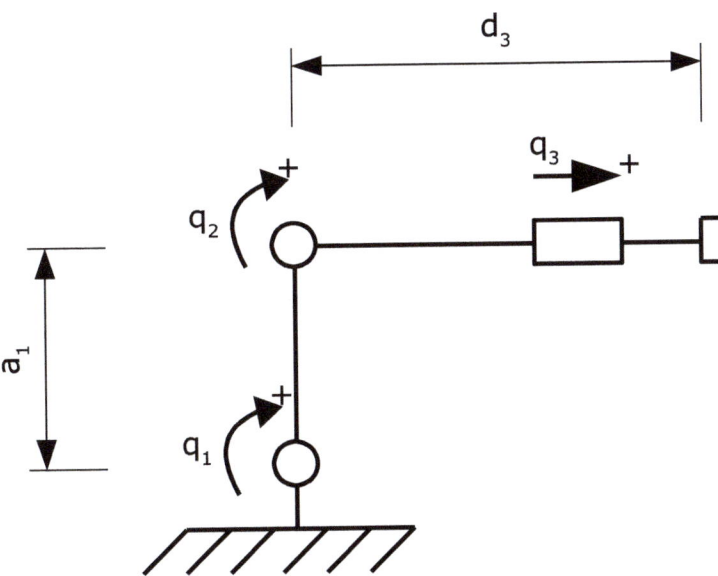

FIGURE 2.9 – Robot plan.

Question 1

Les repères sont placés en respectant les contraintes de l'énoncé et celles de DH comme indiqué dans la figure 2.10.

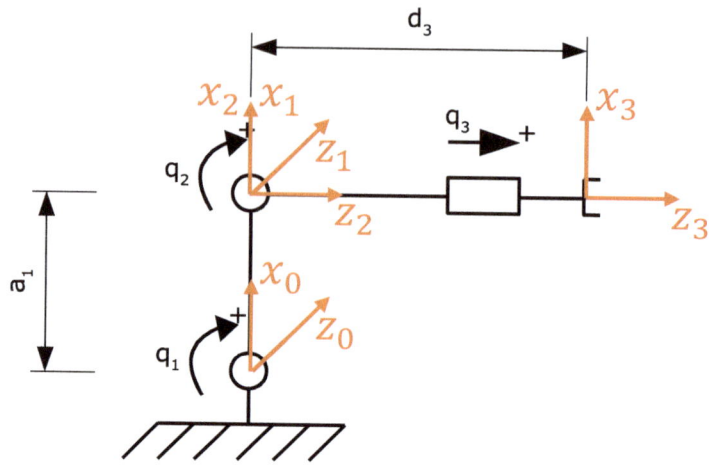

FIGURE 2.10 – Placement des repères sur le robot plan.

Question 2

Le tableau de DH correspondant aux repères de la figure 2.10 est le suivant :

Axe	a_i	α_i	d_i	θ_i
1	a_1	0	0	q_1
2	0	$-\pi/2$	0	q_2
3	0	0	$d_3 + q_3$	0

TABLE 2.5 – Tableau de DH du robot RRT.

Question 3

On obtient :

$$\mathbf{M}_{03} = \begin{pmatrix} c_{12} & 0 & -s_{12} & -d_3 s_{12} - q_3 s_{12} + c_1 a_1 \\ s_{12} & 0 & c_{12} & d_3 c_{12} + q_3 c_{12} + s_1 a_1 \\ 0 & -1 & 0 & 0 \\ 0 & 0 & 0 & 1 \end{pmatrix}$$

avec $c_i = \cos q_i$, $s_i = \sin q_i$, $c_{ij} = \cos(q_i + q_j)$ et $s_{ij} = \sin(q_i + q_j)$. Dans le cas particulier de la figure où toutes les variables

2.2 Modèle géométrique et cinématique

articulaires sont nulles, on a :

$$\mathbf{M}_{03}(\mathbf{0}) = \begin{pmatrix} 1 & 0 & 0 & a_1 \\ 0 & 0 & 1 & d_3 \\ 0 & -1 & 0 & 0 \\ 0 & 0 & 0 & 1 \end{pmatrix}$$

On vérifie que les vecteurs colonne de la sous-matrice de rotation sont bien les coordonnées de x_3, y_3 et z_3 dans le repère R_0. De plus, on vérifie que la translation de $\mathbf{M}_{03}(\mathbf{0})$ correspond aux coordonnées de O_3 dans R_0.

2.2.6 Robot serpent

Exercice 2.8 ★ ★ ★ ★ ☆

Soit le robot RRR décrit par la figure 2.11. Ce robot est représenté dans la configuration où les coordonnées articulaires q_1, q_2 et q_3 sont nulles.

1. Placer les repères en respectant la convention de DH et de telle manière que :
   — L'origine du repère R_0 soit en B
   — L'origine du repère R_3 soit en P
   — Les axes x_0, z_0, z_1, z_2 et z_3 soient conformment à ceux de la figure
   — Les axes x_1, x_2 et x_3 soient tels que le tableau de DH soit le plus simple possible
2. Donner le tableau de DH de ce robot.
3. Calculer $\mathbf{M}_{03}$, la matrice de transformation entre R_0, le repère de base et R_3, le repère lié à l'organe terminal.
4. Vérifier $\mathbf{M}_{03}$ pour $q_1 = q_2 = q_3 = 0$ et pour $q_1 = q_3 = 0$, $q_2 = -\pi/2$.
5. On met bout à bout 2 robots de structure identique à celle décrite précédemment. Le robot 1 a pour base B_1, pour pince P_1 et pour coordonnées articulaires q_{11}, q_{12}, q_{13}. Le robot 2 a pour base B_2, pour pince P_2 et pour coordonnées articulaires q_{21}, q_{22}, q_{23}. B_1 est la base du nouveau robot et P_2 est sa pince. Les 2 robots sont reliés de telle manière que $P_1 = B_2$. De plus, on fige l'axe 3 des 2 robots à 0 : $q_{13} = q_{23} = 0$. Calculer T_x, T_y, T_z, les coordonnées de P_2 dans le repère de base en fonction de q_{11}, q_{12}, q_{21} et q_{22}.
6. Représenter graphiquement le nouveau robot dans sa configuration où $q_{11} = -\pi/2$, $q_{12} = \pi/4$, $q_{21} = 0$ et $q_{22} = -\pi/4$.
7. Calculer T_x, T_y et T_z dans cette configuration et vérifier sur la figure.

2.2 Modèle géométrique et cinématique

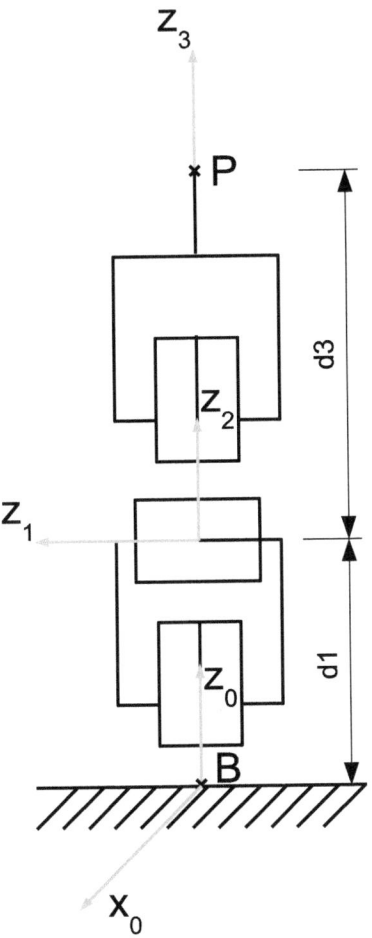

FIGURE 2.11 – Robot RRR.

Question 1

Les axes manquants des repères de DH sont placés dans la figure 2.12.

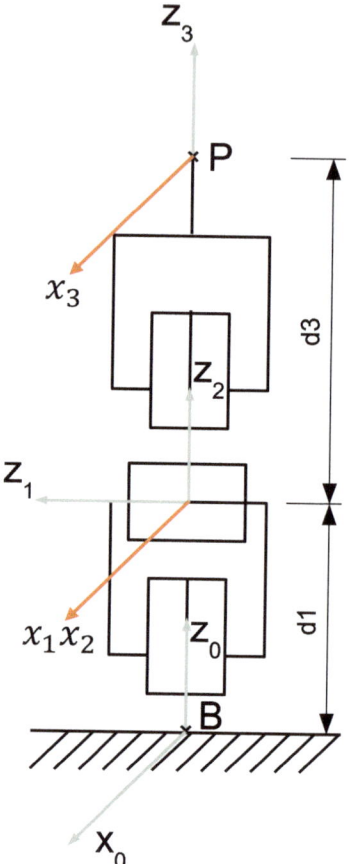

FIGURE 2.12 – Placement des repères du robot RRR.

Question 2

Le tableau de DH correspondant aux repères de la figure 2.12 est donné ci-dessous :

Axe	a_i	α_i	d_i	θ_i
1	0	$\pi/2$	d_1	q_1
2	0	$-\pi/2$	0	q_2
3	0	0	d_3	q_3

TABLE 2.6 – Tableau de DH du robot RRR.

2.2 Modèle géométrique et cinématique

Question 3

En faisant le produit $\mathbf{M}_{01}\mathbf{M}_{12}\mathbf{M}_{23} = \mathbf{M}_{03}$ on obtient :

$$\mathbf{M}_{03} = \begin{pmatrix} c_1c_2c_3 - s_1s_3 & -c_1c_2s_3 - s_1c_3 & -c_1s_2 & -c_1s_2d_3 \\ s_1c_2c_3 + c_1s_3 & -s_1c_2s_3 + c_1c_3 & -s_1s_2 & -s_1s_2d_3 \\ s_2c_3 & -s_2s_3 & c_2 & c_2d_3 + d_1 \\ 0 & 0 & 0 & 1 \end{pmatrix}$$

avec $c_i = \cos q_i$ et $s_i = \sin q_i$.

Question 4

Pour $q_1 = q_2 = q_3 = 0$ on obtient :

$$\mathbf{M}_{03} = \begin{pmatrix} 1 & 0 & 0 & 0 \\ 0 & 1 & 0 & 0 \\ 0 & 0 & 1 & d_1 + d_3 \\ 0 & 0 & 0 & 1 \end{pmatrix}$$

Pour $q_1 = q_3 = 0$ et $q_2 = -\pi/2$ on obtient :

$$\mathbf{M}_{03} = \begin{pmatrix} 0 & 0 & 1 & d_3 \\ 0 & 1 & 0 & 0 \\ -1 & 0 & 0 & d_1 \\ 0 & 0 & 0 & 1 \end{pmatrix}$$

On vérifie que dans les 2 configurations, les vecteurs colonne de la sous-matrice de rotation sont bien les coordonnées de x_3, y_3 et z_3 dans le repère R_0 et que les coordonnées de translation de la matrice homogène sont celles de $O_3 = P$ dans R_0.

Question 5

En mettant bout à bout 2 robots et en figeant le dernier axe à 0, on obtient :

$$\begin{aligned} T_x &= -c_{11}c_{12}c_{21}s_{22}d_3 + s_{11}s_{21}s_{22}d_3 \\ &\quad - c_{11}s_{12}(c_{22}d_3 + d_1) - c_{11}s_{12}d_3 \\ T_y &= -s_{11}c_{12}c_{21}s_{22}d_3 - c_{11}s_{21}s_{22}d_3 \\ &\quad - s_{11}s_{12}(c_{22}d_3 + d_1) - s_{11}s_{12}d_3 \\ T_z &= -s_{12}c_{21}s_{22}d_3 + c_{12}(c_{22}d_3 + d_1) + c_{12}d_3 + d_1 \end{aligned}$$

avec $c_{ij} = \cos q_{ij}$ et $s_{ij} = \sin q_{ij}$.

Question 6

La configuration où $q_{11} = -\pi/2$, $q_{12} = \pi/4$, $q_{21} = 0$ et $q_{22} = -\pi/4$ est représentée dans la figure 2.13.

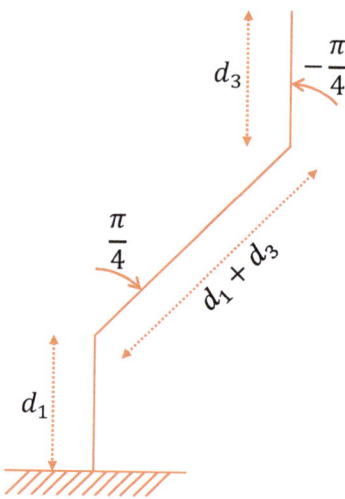

FIGURE 2.13 – Deux robots RRR mis bout à bout.

Question 7

Le robot est dans le plan $(O_0\, y_0\, z_0)$. Dans cette configuration, on a :

$$\begin{aligned} T_x &= 0 \\ T_y &= \frac{\sqrt{2}}{2}(d_1 + d_3) \\ T_z &= \left(\frac{\sqrt{2}}{2} + 1\right)(d_1 + d_3) \end{aligned}$$

Un simple raisonnement géométrique permet de vérifier ces coordonnées sur la figure 2.13.

2.3 Modèle dynamique

2.3.1 Modèle dynamique d'un SCARA

Exercice 2.9 ★★★☆☆

Soit un robot de type SCARA à 2 articulations rotoïdes dont le modèle est donné par la figure 2.14. Le robot est représenté dans la position où les coordonnées articulaires q_1 et q_2 sont nulles. La longueur des corps est l_1 et l_2. On modélise la masse des corps par les masses m_1 et m_2 concentrées aux extrémités des corps. Le couple exercé par les actionneurs sur les corps 1 et 2 sont respectivement τ_1 et τ_2. Les équations de la dynamique de ce robot sont les suivantes :

$$\begin{aligned}\tau_1 &= m_2 l_2^2 (\ddot{q}_1 + \ddot{q}_2) + m_2 l_1 l_2 \cos q_2 (2\ddot{q}_1 + \ddot{q}_2) \\ &+ (m_1 + m_2) l_1^2 \ddot{q}_1 - m_2 l_1 l_2 \sin q_2 \dot{q}_2^2 \\ &- 2 m_2 l_1 l_2 \sin q_2 \dot{q}_1 \dot{q}_2 \\ \tau_2 &= m_2 l_1 l_2 \cos q_2 \ddot{q}_1 + m_2 l_1 l_2 \sin q_2 \dot{q}_1^2 \\ &+ m_2 l_2^2 (\ddot{q}_1 + \ddot{q}_2)\end{aligned}$$

1. Lorsque $\dot{q}_1$ et $\dot{q}_2$ sont constants, pour quelle(s) valeur(s) particulière(s) de q_2 les efforts des actionneurs sont-ils maximums ? Quel est le nom des effets qui génèrent τ_1 et τ_2 ?
2. On donne $m_1 = 20\,\text{kg}$, $m_2 = 10\,\text{kg}$, $l_1 = l_2 = 0,4\,\text{m}$, $\dot{q}_1 = \dot{q}_2 = 1\,\text{rad}\,\text{s}^{-1}$. Calculer pour la (les) configuration(s) particulière(s) de la question 1 les couples exercés par les actionneurs pour générer un mouvement à vitesse angulaire constante de $1\,\text{rad}\,\text{s}^{-1}$ sur les 2 axes. Discuter le résultat obtenu.

On décide de linéariser le modèle dynamique autour de 2 points de fonctionnement : $q_2 = 0$ et $q_2 = \pi/2$. Pour linéariser les équations dynamiques, on néglige les termes faisant apparaitre des vitesses au carré (par exemple $m_2 l_1 l_2 \sin q_2 \dot{q}_1^2$) ou des produits de vitesse (par exemple $2 m_2 l_1 l_2 \sin q_2 \dot{q}_1 \dot{q}_2$).

3. Pour les 2 points de fonctionnement, donner les équations dynamiques linéarisées. Faire l'application numérique.

4. Pour les 2 points de fonctionnement, donner (numériquement) la matrice de fonction de transfert $F(s)$ telle que :
$$\begin{bmatrix} Q_1(s) \\ Q_2(s) \end{bmatrix} = F(s) \begin{bmatrix} \Gamma_1(s) \\ \Gamma_2(s) \end{bmatrix}$$
avec $Q_1(s), Q_2(s), \Gamma_1(s), \Gamma_2(s)$ respectivement les transformées de Laplace de $q_1(t)$, $q_2(t)$, $\tau_1(t)$ et $\tau_2(t)$. Discuter le résultat obtenu du point de vue de la commande de ce robot. ∎

Vue de face

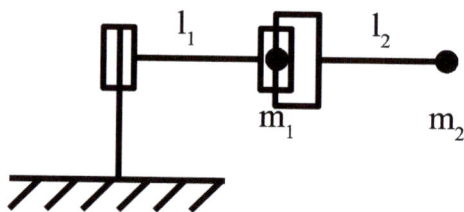

Vue de dessus

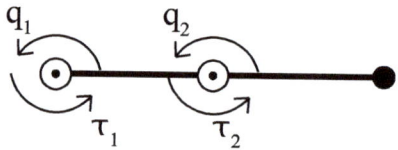

FIGURE 2.14 – Robot SCARA.

Question 1

$\dot{q}_1$ et $\dot{q}_1$ constants implique :

$$\tau_1 = -m_2 l_1 l_2 \sin q_2 \dot{q}_2^2 - 2 m_2 l_1 l_2 \sin q_2 \dot{q}_1 \dot{q}_2 \quad (2.20)$$
$$\tau_2 = m_2 l_1 l_2 \sin q_2 \dot{q}_1^2 \quad (2.21)$$

Les couples τ_1 et τ_2 sont maximum pour $q_2 = \pi/2$ ou $q_2 = -\pi/2$. Dans cette configuration le coude du robot est à angle droit.

L'équation définissant τ_1 comprend un terme dépendant de $\dot{q}_2^2$, donc provenant d'un effet centrifuge, et un terme en $\dot{q}_1 \dot{q}_2$

2.3 Modèle dynamique

modélisant un effet Coriolis. L'équation définissant τ_2 comprend uniquement un terme en $\dot{q}_1^2$ modélisant un effet centrifuge. Ces résultats sont cohérents. Lorsque le coude est à angle droit, l'effet centrifuge du corps 2 sur l'axe 2 est maximum. L'effet Coriolis dépend de la variation d'inertie vue de l'axe 1. Cette variation est effectivement maximale lorsque le coude est à angle droit.

Rappel de cours 2.3.1 Flashez ce code pour un exemple de calcul du modèle dynamique d'un robot plan 2R.

Question 2

Pour $q_2 = \pi/2$:

$$\tau_1 = -4{,}8\,\mathrm{N\,m} \tag{2.22}$$
$$\tau_2 = 1{,}6\,\mathrm{N\,m} \tag{2.23}$$

Pour $q_2 = -\pi/2$:

$$\tau_1 = 4{,}8\,\mathrm{N\,m} \tag{2.24}$$
$$\tau_2 = -1{,}6\,\mathrm{N\,m} \tag{2.25}$$

Le couple du moteur 1 est plus important, car il doit supporter l'effet centrifuge et l'effet Coriolis, tandis que le moteur 2 ne doit supporter que l'effet centrifuge.

Question 3

Linéarisation autour de $q_2 = 0$:

$$\begin{aligned}
\tau_1 &= m_2 l_2^2 (\ddot{q}_1 + \ddot{q}_2) + m_2 l_1 l_2 (2\ddot{q}_1 + \ddot{q}_2) \\
&\quad + (m_1 + m_2) l_1^2 \ddot{q}_1 \tag{2.26} \\
&= 9{,}6\ddot{q}_1 + 3{,}2\ddot{q}_2 \tag{2.27} \\
\tau_2 &= m_2 l_1 l_2 \ddot{q}_1 + m_2 l_2^2 (\ddot{q}_1 + \ddot{q}_2) \tag{2.28} \\
&= 3{,}2\ddot{q}_1 + 1{,}6\ddot{q}_2 \tag{2.29}
\end{aligned}$$

Linéarisation autour de $q_2 = \pi/2$:

$$\begin{align}
\tau_1 &= m_2 l_2^2 (\ddot{q}_1 + \ddot{q}_2) + (m_1 + m_2) l_1^2 \ddot{q}_1 \tag{2.30}\\
&= 6{,}4 \ddot{q}_1 + 1{,}6 \ddot{q}_2 \tag{2.31}\\
\tau_2 &= m m_2 l_2^2 (\ddot{q}_1 + \ddot{q}_2) \tag{2.32}\\
&= 1{,}6 \ddot{q}_1 + 1{,}6 \ddot{q}_2 \tag{2.33}
\end{align}$$

Question 4

En faisant la transformée de Laplace des équations 2.27, 2.29, 2.31 et 2.33 on obtient :

$$F(s) = \frac{1}{s^2} \begin{pmatrix} 0{,}3125 & -0{,}625 \\ -0{,}625 & 1{,}875 \end{pmatrix} \tag{2.34}$$

autour de $q_2 = 0$ et :

$$F(s) = \frac{1}{s^2} \begin{pmatrix} 0{,}2083 & -0{,}2083 \\ -0{,}2083 & 0{,}8333 \end{pmatrix} \tag{2.35}$$

autour de $q_2 = \pi/2$. Ces modèles approchés peuvent être utilisés pour asservir une tâche au voisinage des positions considérées.

> **Rappel de cours 2.3.2** Flashez ce code pour un rappel sur la transformée de Laplace.

2.3.2 Découplage non linéaire

Exercice 2.10 ★ ★ ★ ☆ ☆

Soit un robot de type SCARA à 2 articulations rotoïdes dont le modèle est donné par la figure 2.14. Le robot est représenté dans la position où les coordonnées articulaires q_1 et q_2 sont nulles. La longueur des corps est l_1 et l_2. On modélise la masse des corps par les masses m_1 et m_2 concentrées aux extrémités des corps.

Le couple exercé par les actionneurs sur les corps 1 et 2 sont respectivement τ_1 et τ_2. Les équations de la dynamique de ce robot sont les suivantes :

$$\begin{aligned}
\tau_1 &= m_2 l_2^2 (\ddot{q}_1 + \ddot{q}_2) + m_2 l_1 l_2 \cos q_2 (2\ddot{q}_1 + \ddot{q}_2) \\
&+ (m_1 + m_2) l_1^2 \ddot{q}_1 - m_2 l_1 l_2 \sin q_2 \dot{q}_2^2 \\
&- 2 m_2 l_1 l_2 \sin q_2 \dot{q}_1 \dot{q}_2 \\
\tau_2 &= m_2 l_1 l_2 \cos q_2 \ddot{q}_1 + m_2 l_1 l_2 \sin q_2 \dot{q}_1^2 \\
&+ m_2 l_2^2 (\ddot{q}_1 + \ddot{q}_2)
\end{aligned}$$

On cherche à mettre ces équations sous la forme matricielle :

$$\mathbf{D(q)\ddot{q} + C(q,\dot{q})\dot{q} = \Gamma}$$

avec $\mathbf{q} = [q_1\ q_2]^T$ le vecteur des coordonnées articulaires et $\Gamma = [\tau_1\ \tau_2]^T$ le vecteur des couples articulaires.

1. Donner la matrice d'inertie $\mathbf{D(q)}$ de ce robot.
2. Donner la matrice $\mathbf{C(q,\dot{q})}$ des effets Coriolis et centrifuges.
3. Proposer un schéma-bloc de commande par découplage non linéaire de ce robot. Donner la matrice de fonction de transfert de l'association découplage non linéaire + robot.

Question 1

La matrice $\mathbf{D}(\mathbf{q})$ se déduit directement des équations dynamiques :

$$\mathbf{D} = \begin{pmatrix} m_2 l_2^2 + 2m_2 l_1 l_2 c_2 + (m_1 + m_2) l_1^2 & m_2 l_2^2 + m_2 l_1 l_2 c_2 \\ m_2 l_1 l_2 c_2 + m_2 l_2^2 & m_2 l_2^2 \end{pmatrix}$$

Question 2

La matrice $\mathbf{C}(\mathbf{q},\dot{\mathbf{q}})$ se déduit directement des équations dynamiques :

$$\mathbf{C} = \begin{pmatrix} -2m_2 l_1 l_2 s_2 \dot{q}_2 & -m_2 l_1 l_2 s_2 \dot{q}_2 \\ m_2 l_1 l_2 s_2 \dot{q}_1 & 0 \end{pmatrix} \qquad (2.36)$$

R L'expression donnée dans 2.36 n'est pas unique. Une autre expression possible est donnée ci-dessous. C'est cette matrice qu'on obtient en appliquant la formule du cours.

$$\mathbf{C} = \begin{pmatrix} -m_2 l_1 l_2 s_2 \dot{q}_2 & -m_2 l_1 l_2 s_2 (\dot{q}_1 + \dot{q}_2) \\ m_2 l_1 l_2 s_2 \dot{q}_1 & 0 \end{pmatrix}$$

Rappel de cours 2.3.3 Flashez ce code pour un rappel sur la façon dont la matrice $\mathbf{C}$ est construite.

Question 3

La commande par découplage non linéaire de ce robot est décrite dans la figure 2.15 avec Γ^* la grandeur de commande découplée.

2.3 Modèle dynamique

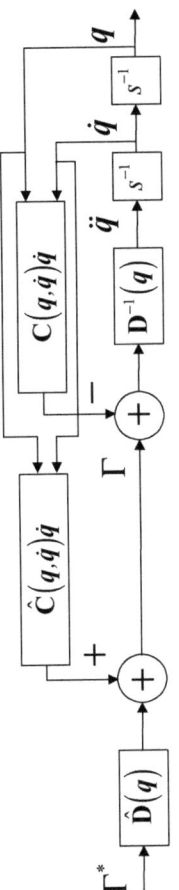

FIGURE 2.15 – Découplage non linéaire d'un robot SCARA.

Si le modèle du robot est parfaitement connu, alors $\hat{\mathbf{C}} = \mathbf{C}$ et $\hat{\mathbf{D}} = \mathbf{D}$. Dans ce cas, le schéma de la figure 2.15 se simplifie et on obtient :

$$\frac{\mathbf{Q}(s)}{\Gamma^*(s)} = \frac{1}{s^2} \tag{2.37}$$

avec $\mathbf{Q}(s)$ et $\Gamma^*(s)$ les transformées de Laplace de $\mathbf{q}$ et Γ.

2.3.3 Modèle dynamique d'un TR

Exercice 2.11 ★ ★ ★ ★ ★

On désire établir le modèle dynamique du robot TR de la figure 2.2. Le corps 2 du robot est un corps cylindrique plein de masse m_2, de masse volumique ρ, de longueur a_2 et de rayon r comme l'indique la figure 2.16.

1. Quelles propriétés particulières a le tenseur d'inertie du corps 2 exprimé dans le repère R'_2 ?
2. Calculer la matrice d'inertie du corps 2 dans le repère R'_2 de la figure 2.16 (G_2 est le centre de gravité du corps 2). [a]
3. Dans le but d'appliquer le théorème d'Euler-Lagrange, calculer l'énergie cinétique en translation du robot. La masse du corps 1 est m_1.
4. Soient $A = \frac{1}{12}m_2 a_2^2 + \frac{1}{4}m_2 r^2$ et $B = \frac{1}{2}m_2 r^2$. Calculer l'énergie cinétique en rotation du robot en utilisant A et B.
5. Calculer l'énergie potentielle du robot.
6. Appliquer le théorème d'Euler-Lagrange et déterminer le modèle dynamique de ce robot.

---

a. On pourra utiliser le fait que le changement de variable $x = u\cos\theta$ et $y = u\sin\theta$ dans $\int_D f(x,y)dxdy = \int_D f(u\cos\theta, u\sin\theta)ud u d\theta$.

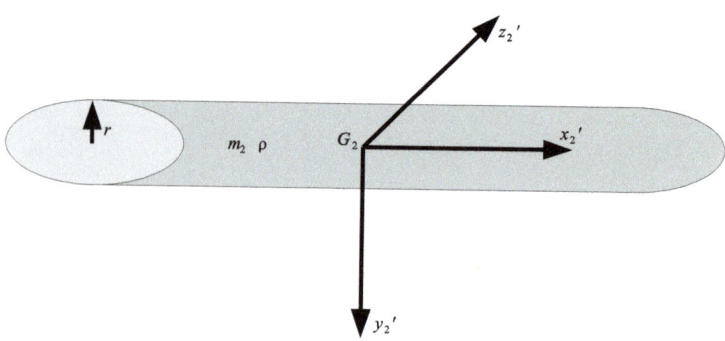

FIGURE 2.16 – Corps 2.

2.3 Modèle dynamique

Question 1

Les axes de R'_2 correspondent aux axes de symétrie du corps. On en déduit que le tenseur d'inertie de ce corps exprimé dans ce repère est une matrice diagonale. Les 3 termes sur la diagonale sont respectivement l'inertie en rotation autour de x'_2, y'_2 et z'_2.

> **Rappel de cours 2.3.4** Flashez ce code pour un rappel sur les tenseurs d'inertie.

Question 2

Soit **I** le tenseur d'inertie du corps 2. On a :

$$\mathbf{I} = \begin{pmatrix} I_x & 0 & 0 \\ 0 & I_y & 0 \\ 0 & 0 & I_z \end{pmatrix} \tag{2.38}$$

En raison de la symétrie de révolution du corps autour de x'_2, on a $I_y = I_z$. Par définition, on a :

$$\begin{align} I_y &= \rho \int_{\text{Cylindre}} x^2 + z^2 \, dxdydz \tag{2.39} \\ &= \rho \int_{-a_2/2}^{a_2/2} \left[\int_{\text{Disque}} x^2 + z^2 \, dydz \right] dx \tag{2.40} \end{align}$$

En utilisant les coordonnées polaires pour décrire le disque, on fait le changement de variable $y = u\cos\theta$ et $z = u\sin\theta$ on obtient :

$$I_y = \rho \int_{-a_2/2}^{a_2/2} \int_0^{2\pi} \int_0^r (u^2 \sin^2\theta + x^2) u \, dud\theta dx \tag{2.41}$$

Il vient :

$$I_y = \rho \int_{-a_2/2}^{a_2/2} \frac{r^4 \pi}{4} + 2\pi x^2 r \, dx \tag{2.42}$$

On obtient finalement :

$$I_y = \rho \pi r^2 a_2 \left(\frac{r^2}{4} + \frac{a_2^2}{12}\right) \quad (2.43)$$

$$= \frac{mr^2}{4} + \frac{ma_2^2}{12} \quad (2.44)$$

On calcule I_x de la même manière :

$$I_x = \rho \int_{-a_2/2}^{a_2/2} \int_0^{2\pi} \int_0^r u^3 \, du d\theta dx \quad (2.45)$$

$$= \frac{1}{2}mr^2 \quad (2.46)$$

Et donc :

$$\mathbf{I} = \begin{pmatrix} \frac{1}{2}mr^2 & 0 & 0 \\ 0 & \frac{1}{12}ma_2^2 + \frac{1}{4}mr^2 & 0 \\ 0 & 0 & \frac{1}{12}ma_2^2 + \frac{1}{4}mr^2 \end{pmatrix} \quad (2.47)$$

Rappel de cours 2.3.5 Flashez ce code pour un exemple de calcul de tenseur d'inertie.

Question 3

L'énergie cinétique de translation s'obtient en déterminant l'expression de la vitesse des centres de gravité des corps de ce robot. Soient $^0\mathbf{v}_{G1}$ et $^0\mathbf{v}_{G2}$ les vecteurs vitesses des centres de gravité G_1 et G_2 des corps 1 et 2 exprimés dans le repère R_0. On a :

$$^0\mathbf{v}_{G1} = \begin{pmatrix} 0 \\ 0 \\ \dot{q}_1 \end{pmatrix} \quad (2.48)$$

$$^0\mathbf{v}_{G2} = \begin{pmatrix} -\frac{a_2}{2} s_2 \dot{q}_2 \\ 0 \\ \dot{q}_1 - \frac{a_2}{2} c_2 \dot{q}_2 \end{pmatrix} \quad (2.49)$$

2.3 Modèle dynamique

On en déduit E_{ct}, l'énergie cinétique totale de translation du robot :

$$E_c = \frac{1}{2}m_1\mathbf{v}_{G1}^2 + \frac{1}{2}m_2\mathbf{v}_{G2}^2 \qquad (2.50)$$

$$= \frac{1}{2}m_1\dot{q}_1^2 + \frac{1}{2}m_2\left(\dot{q}_1^2 + \frac{a_2^2}{4}\dot{q}_2^2 - a_2c_2\dot{q}_1\dot{q}_2\right) \qquad (2.51)$$

Question 4

Comme le problème est dans un plan, le calcul de l'énergie cinétique de rotation est trivial. Seul le corps 2 tourne autour de z_2'. Sa vitesse de rotation est $\dot{q}_2$. Son inertie $I_z = A$ autour de z_2' est extraite de (2.47). On en déduit l'énergie cinétique totale de rotation du robot : $E_{cr} = \frac{1}{2}A\dot{q}_2^2$.

Question 5

Les 2 corps du robot subissent l'influence de la gravité. L'énergie potentielle totale E_p du robot est donnée par :

$$E_p = m_1 g q_1 + m_2 g(q_1 - \frac{a_2}{2}\sin q_2) \qquad (2.52)$$

> **Rappel de cours 2.3.6** Flashez ce code pour un exemple de calcul de l'énergie d'un robot.

Question 6

Soit $\mathscr{L}$ le Lagrangien de ce robot :

$$\begin{aligned}\mathscr{L} &= E_{ct} + E_{cr} - E_p \\ &= \frac{1}{2}m_1\dot{q}_1^2 + \frac{1}{2}m_2\left(\dot{q}_1^2 + \frac{a_2^2}{4}\dot{q}_2^2 - a_2c_2\dot{q}_1\dot{q}_2\right) \\ &+ \frac{1}{2}A\dot{q}_2^2 \\ &- \left[m_1 g q_1 + m_2 g(q_1 - \frac{a_2}{2}\sin q_2)\right]\end{aligned} \qquad (2.53)$$

Rappel de cours 2.3.7 On rappelle l'équation d'Euler Lagrange :

$$\frac{d}{dt}\frac{\partial \mathscr{L}}{\partial \dot{q}_i} - \frac{\partial \mathscr{L}}{\partial q_i} = \tau_i \tag{2.54}$$

avec τ_i l'effort appliqué sur l'axe i (une force pour un axe en translation, un couple pour un axe en rotation).

En injectant (2.53) dans (2.54) on obtient le système de 2 équations différentielles modélisant la dynamique de ce bras :

$$\tau_1 = (m_1 + m_2)(\ddot{q}_1 + g) + \frac{1}{2}m_2 a_2 \dot{q}_2^2 s_2 - \frac{1}{2}m_2 a_2 c_2 \ddot{q}_2$$

$$\tau_2 = \frac{1}{4}m_2 a_2^2 \ddot{q}_2 - \frac{1}{2}m_2 \ddot{q}_1 c_2 a_2 + A\ddot{q}_2 - \frac{1}{2}c_2 a_2 g m_2$$

(R) Le calcul du modèle dynamique peut être programmé sous Matlab avec la toolbox symbolique de la manière suivante :

```
% Euler-Lagrange sur un TR

syms q_1 q_2 q_1_dot q_2_dot q_1_ddot q_2_ddot...
    t m_1 m_2 a_2 A g

% Lagrangien
L = 1/2*m_1*q_1_dot^2+...
    1/2*m_2*(q_1_dot^2+a_2^2/4*q_2_dot^2-a_2*...
    cos(q_2)*q_1_dot*q_2_dot)+1/2*A*q_2_dot^2-...
    (m_1*g*q_1+m_2*g*(q_1-a_2/2*sin(q_2)))

% Dérivées partielles
dL_dq_1_dot = diff(L,q_1_dot)
dL_dq_2_dot = diff(L,q_2_dot)
dL_dq_1 = diff(L,q_1)
dL_dq_2 = diff(L,q_2)

% Dérivées par rapport au temps
q_1=sym('q_1(t)')
q_2=sym('q_2(t)')
q_1_dot=sym('q_1_dot(t)')
q_2_dot=sym('q_2_dot(t)')
dL_dq_1_dot = eval(dL_dq_1_dot)
dL_dq_2_dot = eval(dL_dq_2_dot)

d_dL_dq_1_dot_dt = diff( dL_dq_1_dot, t)
d_dL_dq_2_dot_dt = diff( dL_dq_2_dot, t)
d_dL_dq_1_dot_dt=...
    subs(d_dL_dq_1_dot_dt,diff(q_1_dot,t),q_1_ddot)
```

2.3 Modèle dynamique

```
d_dL_dq_1_dot_dt=...
   subs(d_dL_dq_1_dot_dt,diff(q_2_dot,t),q_2_ddot)
d_dL_dq_2_dot_dt=...
   subs(d_dL_dq_2_dot_dt,diff(q_1_dot,t),q_1_ddot)
d_dL_dq_2_dot_dt=...
   subs(d_dL_dq_2_dot_dt,diff(q_2_dot,t),q_2_ddot)
d_dL_dq_1_dot_dt=...
   subs(d_dL_dq_1_dot_dt,diff(q_1,t),q_1_dot)
d_dL_dq_1_dot_dt=...
   subs(d_dL_dq_1_dot_dt,diff(q_2,t),q_2_dot)
d_dL_dq_2_dot_dt=...
   subs(d_dL_dq_2_dot_dt,diff(q_1,t),q_1_dot)
d_dL_dq_2_dot_dt=...
   subs(d_dL_dq_2_dot_dt,diff(q_2,t),q_2_dot)
q_1=sym('q_1')
q_2=sym('q_2')
q_1_dot=sym('q_1_dot')
q_2_dot=sym('q_2_dot')
d_dL_dq_1_dot_dt=subs(d_dL_dq_1_dot_dt,'q_1(t)',q_1)
d_dL_dq_1_dot_dt=subs(d_dL_dq_1_dot_dt,'q_2(t)',q_2)
d_dL_dq_2_dot_dt=subs(d_dL_dq_2_dot_dt,'q_1(t)',q_1)
d_dL_dq_2_dot_dt=subs(d_dL_dq_2_dot_dt,'q_2(t)',q_2)
d_dL_dq_1_dot_dt=...
   subs(d_dL_dq_1_dot_dt,'q_1_dot(t)',q_1_dot)
d_dL_dq_1_dot_dt=...
   subs(d_dL_dq_1_dot_dt,'q_2_dot(t)',q_2_dot)
d_dL_dq_2_dot_dt=...
   subs(d_dL_dq_2_dot_dt,'q_1_dot(t)',q_1_dot)
d_dL_dq_2_dot_dt=...
   subs(d_dL_dq_2_dot_dt,'q_2_dot(t)',q_2_dot)

% Equations dynamiques
tau_1 = simple(d_dL_dq_1_dot_dt - dL_dq_1)
tau_2 = simple(d_dL_dq_2_dot_dt - dL_dq_2)

%% Cas Particuliers
% Robot horizontal statique
disp('Robot horizontal statique');
q_1=0;
q_2=0;
q_1_dot=0;
q_2_dot=0;
q_1_ddot=0;
q_2_ddot=0;
eval(tau_1)
eval(tau_2)

% Robot vertical statique
disp('Robot vertical statique');
q_1=0;
q_2=-pi/2;
q_1_dot=0;
q_2_dot=0;
q_1_ddot=0;
```

```
q_2_ddot=0;
eval(tau_1)
eval(tau_2)

% Robot horizontal accélération verticale de l'axe 1 de 1g
disp('Robot horizontal accélération ...
      verticale de l''axe 1 de 1g')
q_1=0;
q_2=0;
q_1_dot=0;
q_2_dot=0;
q_1_ddot=g;
q_2_ddot=0;
eval(tau_1)
eval(tau_2)

% Robot vertical, axe 2 vitesse constante de 1 rad/s
disp('Robot vertical, axe 2 vitesse constante de 1 rad/s')
q_1=0;
q_2=-pi/2;
q_1_dot=0;
q_2_dot=1;
q_1_ddot=0;
q_2_ddot=0;
eval(tau_1)
eval(tau_2)

% Robot horizontal, axe 2 accélération de 1 rad/s/s
disp('Robot horizontal, axe 2 accélération de 1 rad/s/s')
q_1=0;
q_2=0;
q_1_dot=0;
q_2_dot=0;
q_1_ddot=0;
q_2_ddot=1;
eval(tau_1)
eval(tau_2)
```

R Les cas particuliers fournis par le script Matlab sont les suivants :

```
Robot horizontal statique

ans =

  g m_1 + g m_2

ans =

  -0.500000000000000000 a_2 g m_2
Robot vertical statique

ans =
```

2.3 Modèle dynamique

  g m_1 + g m_2

ans =

$$-0.306161699786838302 \; 10^{-16} \quad a\_2 \; g \; m\_2$$
Robot horizontal accélération verticale de l'axe 1 de 1g

ans =

  2 g m_1 + 2 g m_2

ans =

  -1.000000000 a_2 g m_2
Robot vertical, axe 2 vitesse constante de 1 rad/s

ans =

  g m_1 + g m_2 - 0.500000000000000000 a_2 m_2

ans =

$$-0.306161699786838302 \; 10^{-16} \quad a\_2 \; g \; m\_2$$
Robot horizontal, axe 2 accélération de 1 rad/s/s

ans =

  g m_1 + g m_2 - 0.500000000000000000 a_2 m_2

ans =

  0.25 a_2^2 m_2 + A - 0.5 a_2 g m_2

Ils permettent de valider le modèle dynamique.

2.3.4 Modèle dynamique d'un robot 1R

Exercice 2.12 ★★☆☆☆

Soit un robot à un axe rotoïde représenté dans sa configuration nulle ($q_1 = 0$) décrit dans la figure 2.17. Le corps est un parallélépipède de longueur $2l$, de masse m et d'inertie J autour de l'axe q_1 dont le sens positif est indiqué sur la figure 2.17.

1. Calculer le Lagrangien de ce robot.
2. Appliquer l'équation d'Euler-Lagrange à ce robot avec un couple moteur Γ.
3. Appliquer le principe fondamental de la dynamique à ce robot. Conclure.

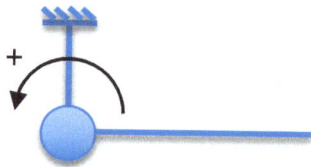

FIGURE 2.17 – Robot 1R.

Question 1

Le Lagrangien $\mathscr{L}$ est la différence entre l'énergie cinétique K et l'énergie potentielle V du système, soit :

$$\mathscr{L} = K - V \tag{2.55}$$

avec :

$$K = \frac{1}{2}mv_G^2 + \frac{1}{2}J\dot{q}_1^2 \tag{2.56}$$
$$V = l\sin q_1 mg \tag{2.57}$$

où v_G est la vitesse du centre de gravité du corps, soit $v_G = l\dot{q}_1$. On en déduit :

$$\mathscr{L} = \frac{1}{2}\left(ml^2 + J\right)\dot{q}_1^2 - lmg\sin q_1 \tag{2.58}$$

2.3 Modèle dynamique

Question 2

On a

$$\frac{\partial \mathscr{L}}{\partial \dot{q}_1} = \left(ml^2 + J\right)\dot{q}_1 \qquad (2.59)$$

et

$$\frac{d}{dt}\frac{\partial \mathscr{L}}{\partial \dot{q}_1} = \left(ml^2 + J\right)\ddot{q}_1 \qquad (2.60)$$

De plus :

$$\frac{\partial \mathscr{L}}{\partial q_1} = -mgl\cos q_1 \qquad (2.61)$$

L'équation d'Euler-Lagrange donne donc :

$$\left(ml^2 + J\right)\ddot{q}_1 + mgl\cos q_1 = \Gamma \qquad (2.62)$$

Ce qui constitue le modèle dynamique de ce robot.

Question 3

On place les axes du repère R_0 conformément à la figure 2.18.

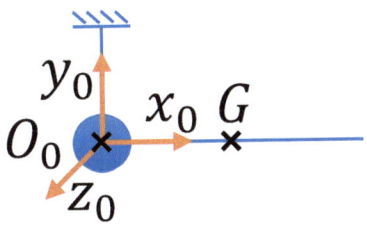

FIGURE 2.18 – Robot 1R : placement du repère R_0.

On applique le principe fondamental de la dynamique en translation au corps de ce robot :

$$m\vec{g} + \vec{F}_{0/1} = m\vec{a}_G \qquad (2.63)$$

avec $\vec{F}_{0/1}$ la force d'interaction de la base sur le corps 1 et $\vec{a}_G$, l'accélération du centre de gravité du corps. En exprimant ces vecteurs dans R_0, on obtient :

$$\begin{pmatrix} 0 \\ -mg \\ 0 \end{pmatrix} + {}^0\vec{F}_{0/1} = m\frac{d^2}{dt^2}\begin{pmatrix} lc_1 \\ ls_1 \\ 0 \end{pmatrix} \qquad (2.64)$$

avec $c_1 = \cos q_1$ et $s_1 = \sin q_1$. On en déduit :

$$ {}^0\vec{F}_{0/1} = m \begin{pmatrix} -lc_1\dot{q}_1^2 - ls_1\ddot{q}_1 \\ -ls_1\dot{q}_1^2 + lc_1\ddot{q}_1 + g \\ 0 \end{pmatrix} \qquad (2.65)$$

Le principe fondamental de la dynamique en rotation exprimé dans R_0 donne :

$$\begin{pmatrix} 0 \\ 0 \\ \Gamma \end{pmatrix} + \underbrace{{}^0\vec{F}_{0/1} \times {}^0\overrightarrow{O_0G}}_{\begin{pmatrix} f_x \\ f_y \\ 0 \end{pmatrix} \times \begin{pmatrix} lc_1 \\ ls_1 \\ 0 \end{pmatrix}} = \begin{pmatrix} 0 \\ 0 \\ J\ddot{q}_1 \end{pmatrix} \qquad (2.66)$$

avec « $\times$ » le produit vectoriel. On en déduit :

$$\Gamma + f_x ls_1 - f_y lc_1 = J\ddot{q}_1 \qquad (2.67)$$

ce qui conduit à :

$$\left(J + ml^2\right)\ddot{q}_1 + mglc_1 = \Gamma \qquad (2.68)$$

On retrouve (heureusement !) la même équation que dans la question précédente.

Rappel de cours 2.3.8 Flashez ce code pour un exemple de calcul d'un modèle dynamique avec la méthode de Newton-Euler récursive.

2.3.5 Effet Coriolis

Exercice 2.13 ★★★★☆

Soit le robot 2R de la figure 2.19 représenté dans sa position où toutes les coordonnées articulaires sont nulles.

1. Rajouter sur la figure les axes manquants des repères R_0 et R_1.
2. Remplir le tableau de DH de ce robot :

Axe i	a_i	α_i	d_i	θ_i
1				
2				

3. Calculer $\mathbf{M}_{01}$ et $\mathbf{M}_{12}$. En déduire $\mathbf{M}_{02}$.
4. Calculer $\mathbf{M}_{02}$ pour $q_1 = q_2 = 0$. Calculer $\mathbf{M}_{02}$ pour $q_1 = 0$ et $q_2 = -\frac{\pi}{2}$. Vérifier la validité du modèle géométrique sur ces cas particuliers.
5. Soit $^0\mathbf{V}_{02}^{O_2}$ la vitesse du point O_2 origine du repère R_2 dans le mouvement de R_2 par rapport à R_0, exprimée dans le repère R_0. Calculer le Jacobien $\mathbf{J}_0$ tel que $^0\mathbf{V}_{02}^{O_2} = \mathbf{J}_0\dot{\mathbf{q}}$ avec $\mathbf{q} = [q_1\ q_2]^T$.
6. Soit $^2\mathbf{V}_{02}^{O_2}$ la vitesse du point O_2 origine du repère R_2 dans le mouvement de R_2 par rapport à R_0, exprimée dans le repère R_2. En utilisant le résultat de la question précédente et la matrice de rotation R_{02}, calculer le Jacobien $\mathbf{J}_2$ tel que $^2\mathbf{V}_{02}^{O_2} = \mathbf{J}_2\dot{\mathbf{q}}$. Vérifier que l'expression (simple) de $\mathbf{J}_2$ est cohérente.
7. Les corps 1 et 2 sont respectivement modélisés par des masses m_1 et m_2 ponctuelles en O_1 et O_2. La gravité est parfaitement compensée sur ce robot. Calculer le modèle dynamique de ce robot en utilisant la méthode d'Euler - Lagrange. On remarquera que, puisque les masses des corps sont ponctuelles, leurs tenseurs d'inertie sont nuls.
8. Un TGV se déplaçant du nord vers le sud suivant une longitude à la vitesse de $320\,\text{km}\,\text{h}^{-1}$ est soumis à une force latérale due à un effet Coriolis. En utilisant le modèle dynamique de ce robot, calculer cette force laté-

rale sachant que $m_2 = 482\,\text{t}$, $q_2 = -45°$ et $a_2 = 6371\,\text{km}$.

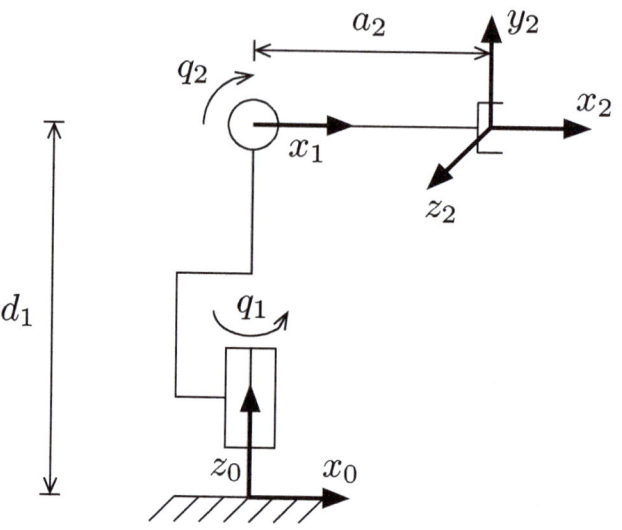

FIGURE 2.19 – Robot 2R.

Question 1

Le seul axe qui manque sur la figure 2.19 pour que tous les repères soient définis est z_1. Celui-ci est perpendiculaire au plan de la figure (colinéaire au deuxième axe de rotation) et dirigé vers le fond (un tire-bouchon tournant dans le sens de q_2 positif se translate vers le fond de la figure).

Question 2

Le tableau de DH de ce robot est le suivant :

Axe	a_i	α_i	d_i	θ_i
1	0	$-\pi/2$	d_1	q_1
2	a_2	π	0	q_2

TABLE 2.7 – Tableau de DH du robot 2R.

2.3 Modèle dynamique

Question 3

En substituant dans l'expression générale de la matrice de passage de DH successivement les termes de chacune des lignes du tableau de DH, on obtient :

$$\mathbf{M}_{01} = \begin{pmatrix} c_1 & 0 & -s_1 & 0 \\ s_1 & 0 & c_1 & 0 \\ 0 & -1 & 0 & d_1 \\ 0 & 0 & 0 & 1 \end{pmatrix} \quad (2.69)$$

$$\mathbf{M}_{12} = \begin{pmatrix} c_2 & s_2 & 0 & a_2 c_2 \\ s_2 & -c_2 & 0 & a_2 s_2 \\ 0 & 0 & -1 & 0 \\ 0 & 0 & 0 & 1 \end{pmatrix} \quad (2.70)$$

avec $s_i = \sin(q_i)$ et $c_i = \cos(q_i)$.

On en déduit :

$$\mathbf{M}_{02} = \mathbf{M}_{01}\mathbf{M}_{12} = \begin{pmatrix} c_1 c_2 & c_1 s_2 & s_1 & a_2 c_1 c_2 \\ s_1 c_2 & s_1 s_2 & -c_1 & a_2 s_1 c_2 \\ -s_2 & c_2 & 0 & d_1 - a_2 s_2 \\ 0 & 0 & 0 & 1 \end{pmatrix}$$

Question 4

On obtient :

$$\mathbf{M}_{02}(\mathbf{0}) = \begin{pmatrix} 1 & 0 & 0 & a_2 \\ 0 & 0 & -1 & 0 \\ 0 & 1 & 0 & d_1 \\ 0 & 0 & 0 & 1 \end{pmatrix} \quad (2.71)$$

et

$$\mathbf{M}_{02}(0, -\pi/2) = \begin{pmatrix} 0 & -1 & 0 & 0 \\ 0 & 0 & -1 & 0 \\ 1 & 0 & 0 & a_2 + d_1 \\ 0 & 0 & 0 & 1 \end{pmatrix} \quad (2.72)$$

Dans les deux cas, on fait les vérifications suivantes :
— Les vecteurs colonne de la sous-matrice de rotation de $\mathbf{M}_{02}$ donnent les coordonnées de x_2, y_2 et z_2 dans le repère R_0.
— Le vecteur de translation de $\mathbf{M}_{02}$ donne les coordonnées de la pince dans R_0.

Question 5

Soit :

$$^0O_2 = \begin{pmatrix} a_2c_1c_2 \\ a_2s_1c_2 \\ d_1 - a_2s_2 \end{pmatrix} \qquad (2.73)$$

les coordonnées de O_2 dans R_0. En dérivant ces coordonnées par rapport au temps, on obtient :

$$^0\mathbf{V}_{02}^{O_2} = \begin{pmatrix} -a_2s_1c_2\dot{q}_1 - a_2c_1s_2\dot{q}_2 \\ a_2c_1c_2\dot{q}_1 - a_2s_1s_2\dot{q}_2 \\ -a_2c_2\dot{q}_2 \end{pmatrix} \qquad (2.74)$$

On en déduit :

$$\mathbf{J}_0 = a_2 \begin{pmatrix} -s_1c_2 & -c_1s_2 \\ c_1c_2 & -s_1s_2 \\ 0 & -c_2 \end{pmatrix} \qquad (2.75)$$

Question 6

On a $^2\mathbf{V}_{02}^{O_2} = \mathbf{R}_{20}{}^0\mathbf{V}_{02}^{O_2}$ avec :

$$\mathbf{R}_{20} = \begin{pmatrix} c_1c_2 & c_1s_2 & s_1 \\ s_1c_2 & s_1s_2 & -c_1 \\ -s_2 & c_2 & 0 \end{pmatrix}^T \qquad (2.76)$$

la transposée de la sous-matrice de rotation de $\mathbf{M}_{02}$. On en déduit :

$$\mathbf{J}_2 = a_2 \begin{pmatrix} 0 & 0 \\ 0 & -1 \\ -c_2 & 0 \end{pmatrix} \qquad (2.77)$$

On note que :
— $\dot{q}_1$ et $\dot{q}_2$ n'ont aucun effet sur la vitesse de O_2 par rapport à R_0 projetée suivant x_2. C'est normal, car cette vitesse est toujours tangente à la sphère de centre O_1 et de rayon a_2.
— La composante de la vitesse suivant y_2 est $-a_2\dot{q}_2$ et la composante suivant z_2 est $-a_2c_2\dot{q}_1$. Un raisonnement géométrique simple permet de retrouver ces résultats.

2.3 Modèle dynamique

> **Rappel de cours 2.3.9** Flashez ce code pour un rappel sur les notations des vitesses.

Question 7

Le Lagrangien $\mathscr{L}$ est la différence entre l'énergie cinétique K et l'énergie potentielle du système. Ici, le robot a une compensation de gravité, donc l'énergie potentielle ne varie pas et peut être considérée comme nulle. Comme les masses des corps sont supposées ponctuelles, les tenseurs d'inertie des corps sont nuls. Il n'y a pas d'énergie cinétique de rotation des corps. Comme la masse ponctuelle du corps 1 est sur l'axe 1, elle ne subit aucune translation, donc son énergie cinétique est nulle. La seule énergie cinétique de ce robot est donc due à la translation de la masse ponctuelle du corps 2. On a donc :

$$\mathscr{L} = K = \frac{1}{2} m_2 (^0\mathbf{V}_{02}^{O_2})^2 \tag{2.78}$$

Comme $^0\mathbf{V}_{02}^{O_2} = \mathbf{J}_0 \dot{\mathbf{q}}$ avec $\dot{\mathbf{q}} = [\dot{q}_1 \ \dot{q}_2]^T$, on en déduit :

$$K = \frac{1}{2} m_2 \dot{\mathbf{q}}^T \mathbf{J}_0^T \mathbf{J}_0 \dot{\mathbf{q}} \tag{2.79}$$

En utilisant (2.75) il vient :

$$\mathscr{L} = K = \frac{1}{2} m_2 a_2^2 \left(c_2^2 \dot{q}_1^2 + \dot{q}_2^2 \right) \tag{2.80}$$

D'après l'équation d'Euler-Lagrange, on a :

$$\frac{d}{dt} \frac{\partial \mathscr{L}}{\partial \dot{q}_1} - \frac{\partial \mathscr{L}}{\partial q_1} = \tau_1 \tag{2.81}$$

$$\frac{d}{dt} \frac{\partial \mathscr{L}}{\partial \dot{q}_2} - \frac{\partial \mathscr{L}}{\partial q_2} = \tau_2 \tag{2.82}$$

$$\tag{2.83}$$

avec τ_1 et τ_2 les couples sur les axes 1 et 2. On a :

$$\frac{\partial \mathscr{L}}{\partial \dot{q}_1} = m_2 a_2^2 c_2^2 \dot{q}_1 \tag{2.84}$$

$$\frac{d}{dt}\frac{\partial \mathscr{L}}{\partial \dot{q}_1} = m_2 a_2^2 \left(-2 c_2 s_2 \dot{q}_2 \dot{q}_1 + c_2^2 \ddot{q}_1\right) \tag{2.85}$$

$$\frac{\partial \mathscr{L}}{\partial q_1} = 0 \tag{2.86}$$

D'où :

$$m_2 a_2^2 \left(c_2^2 \ddot{q}_1 - 2 c_2 s_2 \dot{q}_2 \dot{q}_1\right) = \tau_1 \tag{2.87}$$

On procède de même pour la deuxième équation et on trouve :

$$m_2 a_2^2 \left(\ddot{q}_2 + c_2 s_2 \dot{q}_1^2\right) = \tau_2 \tag{2.88}$$

Question 8

La vitesse de rotation de la Terre est de $\dot{q}_1 = \frac{2\pi}{24 \times 3600}$. Le TGV est considéré comme une masse ponctuelle. Il se déplace suivant une longitude. Il décrit donc un cercle de rayon 6371 km à la vitesse angulaire $\dot{q}_2 = \frac{320}{3600 \times 6371}$. En injectant ces valeurs dans l'équation 2.87, on obtient $\tau_1 = 19,9 \times 10^9\,\text{N m}$.

L'interaction des rails sur le TGV a donc pour effet de générer un couple τ_1 valant $19,9 \times 10^9\,\text{N m}$. Cela signifie que le train subira une force latérale tendant à le déporter vers l'ouest. Cette force latérale a pour norme $\frac{19,9 \times 10^9}{6371 \times 10^3 c_2} = 4417\,\text{N}$.

> (R) Cette force a été calculée avec l'hypothèse que la surface de la Terre est parfaitement sphérique. Or dans la réalité, elle présente un relief que les rails de TGV doivent évidemment suivre, même si c'est avec un certain lissage. Ainsi, lors de phase de descente ou de montée, cette force peut augmenter significativement. Il est ainsi possible d'observer à la longue sur ces sections une usure asymétrique des voies.

2.4 Commande

2.4.1 Génération de trajectoire

> **Exercice 2.14** ★ ★ ☆ ☆ ☆
> On veut générer les trajectoires articulaires d'un robot 2 axes pour aller d'une position A=[0 0] vers une position B=[1 2] (en radians) en respectant un profil de vitesse triangulaire ou trapézoïdal. Les deux axes ont les caractéristiques suivantes :
> Accélération maximale (rad s^{-2}) : $^1A_{max} = 3$ et $^2A_{max} = 3$.
> Vitesse maximale (rad s^{-1}) : $^1V_{max} = 1$ et $^2V_{max} = 2$
> 1. Déterminer le profile de vitesse pour les deux axes qui garantit un temps de cycle le plus court possible et identique pour les 2 axes.

Question 1

On se réfère à l'équation 2.1 :

$$\frac{^1V_{max}^2}{^1A_{max}} = 0{,}3333$$
$$\frac{^2V_{max}^2}{^2A_{max}} = 1{,}3333$$

De plus :

$$^1q_B - {^1q_A} = 1$$
$$^2q_B - {^2q_A} = 2$$

Donc pour les deux axes, le profil a une forme trapézoïdale et le temps de cycle est :

$$^1t_c = \frac{1}{3} + \frac{1}{1} = 1{,}3333\,\text{s}$$
$$^2t_c = \frac{2}{3} + \frac{2}{2} = 1{,}6666\,\text{s}$$

L'axe 2 a le temps de cycle le plus long. Il faut donc adapter le profil de l'axe 1 de manière à ce que son temps de cycle soit le même que celui de l'axe 2 à savoir 1,6666 s.

Rappel de cours 2.4.1 Soit T_c le temps de cycle que l'on souhaite imposer à tous les axes. Dans ce cas :

$$^iA = 4\frac{^iq_B - {}^iq_A}{T_c^2} \quad \text{si} \quad {}^iq_B - {}^iq_A \leq \frac{{}^iV_{\max}{}^2}{{}^iA_{\max}}$$

$$^iV = \frac{1}{2}\left[{}^iA_{\max}T_c - \sqrt{({}^iA_{\max}T_c)^2 - 4\left({}^iq_B - {}^iq_A\right){}^iA_{\max}}\right] \text{ sinon.}$$

On en déduit que la nouvelle vitesse maximale de l'axe 1 est $0{,}6972\,\mathrm{rad\,s^{-1}}$. Les profils de vitesse des deux axes sont donnés dans la figure 2.20.

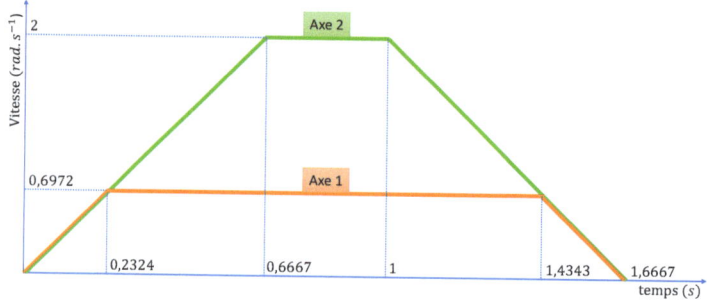

FIGURE 2.20 – Profils de vitesse.

Rappel de cours 2.4.2 Flashez ce code pour un exemple de calcul de trajectoires.

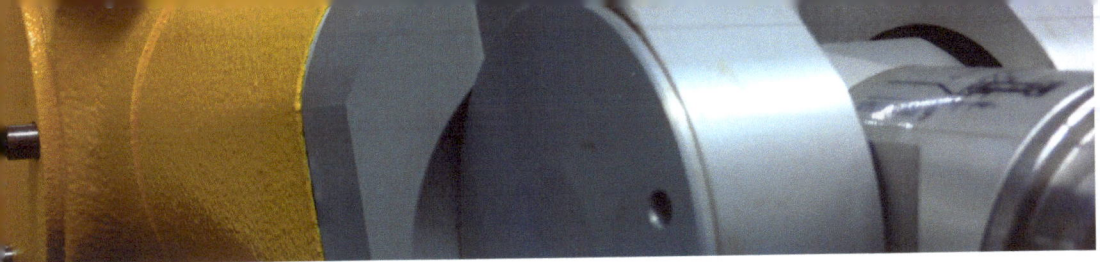

3. Problèmes réels

3.1 Robots industriels

3.1.1 Choix d'un robot

Exercice 3.1 ★ ★ ☆ ☆ ☆

Soient les robots Stäubli et Adept décrits par les documentations jointes (voir figures 3.2, 3.1, 3.3 et 3.4). Choisir en justifiant chaque point, le robot qui respecte le cahier des charges suivant :
— Répétabilité inférieure ou égale à 0,02 mm
— Charge utile supérieure à 3 kg
— Atteignabilité supérieure ou égale à 600 mm
— Vitesse maximale de translation horizontale perpendiculaire à l'axe 1 au centre du poignet supérieure à $4\,\mathrm{m\,s^{-1}}$ lorsque le bras est tendu horizontalement.

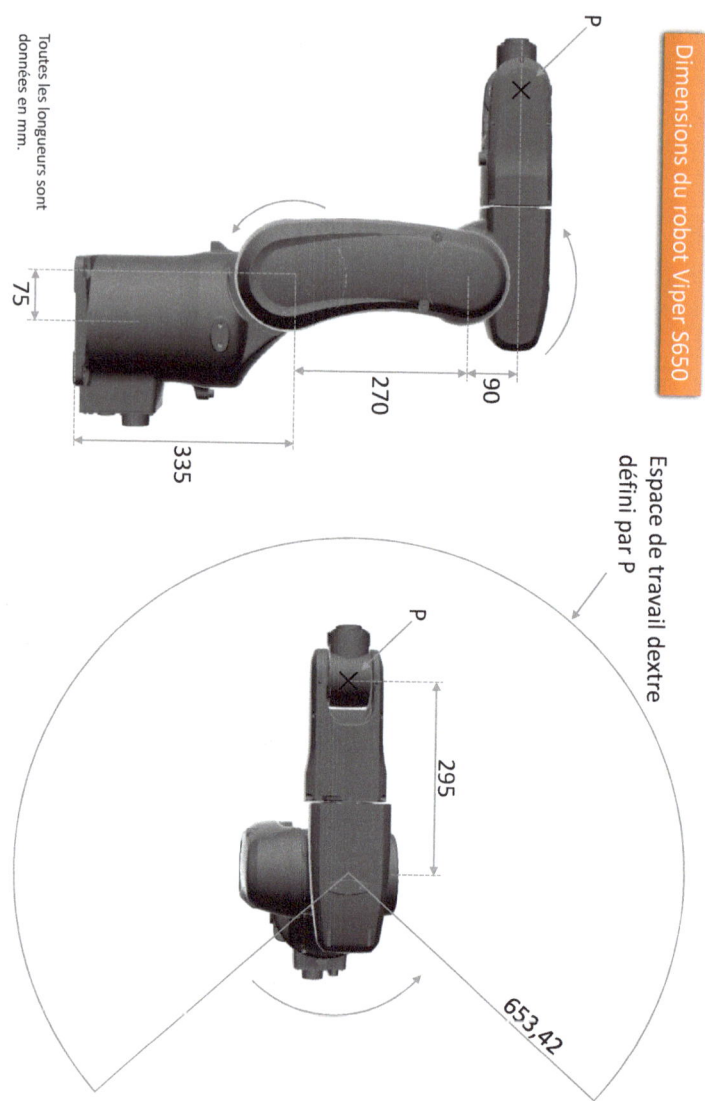

FIGURE 3.1 – Dimensions de l'Adept Viper S650.

3.1 Robots industriels

Paramètre	Valeur
Rayon d'action	653 mm
Charge utile	5 kg
Vitesse max. axe 1	328 °/s
Vitesse max. axe 2	300 °/s
Vitesse max. axe 3	375 °/s
Vitesse max. axe 4	375 °/s
Vitesse max. axe 5	375 °/s
Vitesse max. axe 6	600 °/s
Répétabilité	0,02 mm
Masse	28 kg

FIGURE 3.2 – Spécifications de l'Adept Viper S650.

Paramètre	TX60	TX60L
Charge utile	3,5 kg	2 kg
Attaignabilité (effecteur)	670 mm	920 mm
Nombre d'axes	6	6
Répétabilité	0,02 mm	0,03 mm
Vitesse max. axe 1	435 °/s	435 °/s
Vitesse max. axe 2	410 °/s	385 °/s
Vitesse max. axe 3	540 °/s	500 °/s
Vitesse max. axe 4	995 °/s	995 °/s
Vitesse max. axe 5	1065 °/s	1065 °/s
Vitesse max. axe 6	1445 °/s	1445 °/s

FIGURE 3.3 – Spécifications du Stäubli TX60.

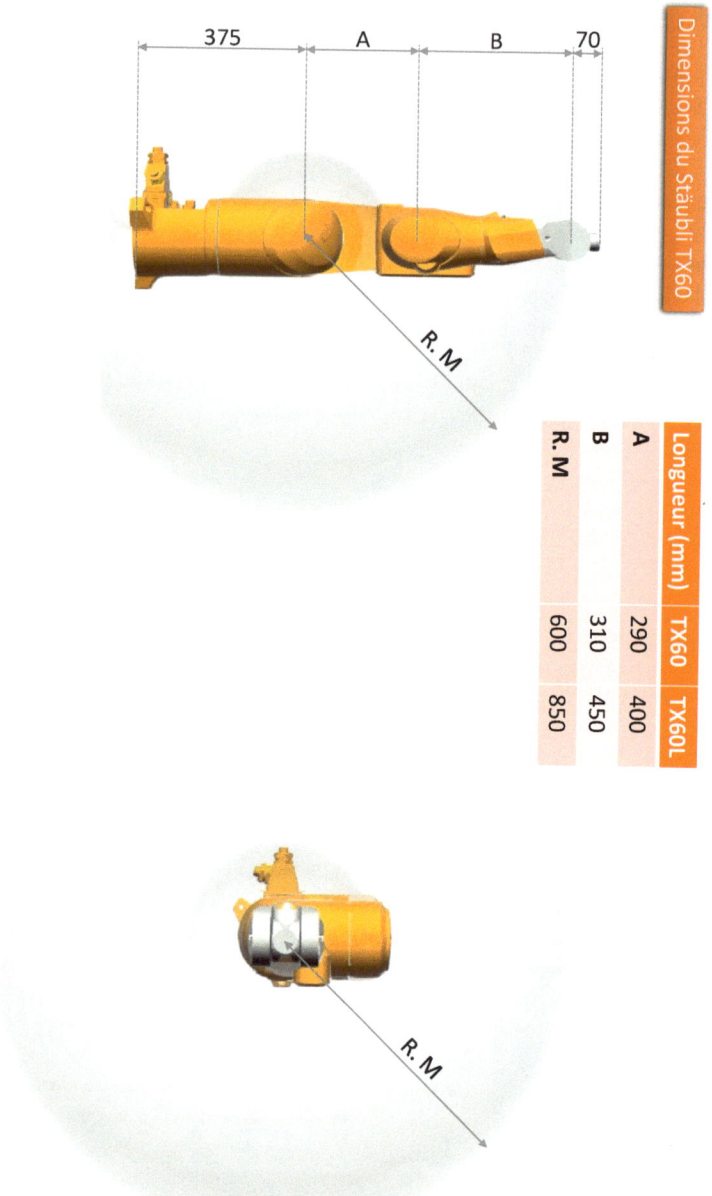

FIGURE 3.4 – Espace de travail du Stäubli TX60.

3.1 Robots industriels

Passons en revue successivement tous les points du cahier des charges :
- La répétabilité de l'Adept S650 est de 0,02 mm tout comme celle du Stäubli TX60. Notez que le TX60L est éliminé, car sa répétabilité est de 0,03 mm.
- Les charges utiles respectives de l'Adept et du Stäubli sont de 5 kg et 3,5 kg, donc rentrant dans le cahier des charges.
- Le point P de l'Adept est le centre du poignet (voir figure 3.1). L'espace de travail dextre défini par ce point implique donc qu'on peut y orienter l'outil comme on veut. L'enveloppe de cet espace de travail en vue de dessus a un rayon de 653,42 mm ; il respecte donc le cahier des charges. Si on se réfère aux définitions de la figure 3.4, on constate que R. M définit le rayon de l'espace de travail dextre (où on peut orienter l'outil). Pour le TX60, ce rayon vaut 600 mm, donc convient au cahier des charges.
- La vitesse de $4\,\mathrm{m\,s^{-1}}$ est due uniquement au mouvement de l'axe 1. Pour l'Adept, la distance entre l'axe 1 et le poignet lorsque le bras est tendu horizontalement est de 653,42 mm. La vitesse maximale de son axe 1 est de 328 deg/s. On en déduit une vitesse de translation maximale de P de $3,74\,\mathrm{m\,s^{-1}}$. La vitesse maximale de l'axe 1 du Stäubli est de 435 deg/s. Sa distance entre l'axe 1 et le poignet lorsque le bras est tendu horizontalement est de 600 mm. La vitesse maximale de translation au niveau du poignet est donc de $4,56\,\mathrm{m\,s^{-1}}$.

On en déduit que seul le Stäubli TX60 valide tous les points du cahier des charges.

3.1.2 Robot VIPER

Exercice 3.2 ★ ★ ★ ★ ☆

Soit le robot 6 axes anthropomorphe décrit géométriquement par la figure 3.1. Ce robot est représenté dans la configuration où les coordonnées articulaires q_1, q_2 et q_3 sont nulles.

On ne s'intéresse qu'aux 3 premiers axes de ce robot. On remarquera que les flèches de la figure donnent le sens positif de rotation des axes. On en tiendra compte dans la suite.

1. Placer les repères en respectant la convention de DH et de telle manière que :
   — L'origine du repère R_0 soit au niveau du sol et l'axe x_0 soit dirigé vers la gauche,
   — L'axe x_1 soit dirigé vers la gauche,
   — Les axes x_2 et x_3 soient dirigés vers le haut,
   — Le tableau de DH soit le plus simple possible.
2. Donner le tableau de DH de ce robot.
3. Calculer $\mathbf{M}_{01}$, $\mathbf{M}_{12}$ et $\mathbf{M}_{23}$, les matrices de transformation entre les repères R_0, R_1, R_2 et R_3. Calculer aussi $\mathbf{M}_{13}$.
4. Déterminer $\mathbf{M}_{03}$ pour $q_1 = \pi$, $q_2 = \pi/2$ et $q_3 = -\pi/2$. Dessiner un schéma représentant le robot dans cette position. Vérifier.
5. Déterminer les coordonnées $^0P = (T_x, T_y, T_z)$ du point P dans le repère R_0 en fonction de q_1, q_2 et q_3.
6. Déterminer ^0P pour $q_1 = \pi$, $q_2 = \pi/2$ et $q_3 = -\pi/2$. Vérifier sur la figure.
7. Soit O_1, l'origine du repère R_1. En se basant sur des considérations purement géométriques, déterminer la valeur de q_3 qui maximise la distance O_1P. En déduire cette distance maximale. Faire l'application numérique. Se servir de ce résultat pour retrouver la valeur donnée par la figure (*espace de travail dextre défini par le point P*).
8. Dans la configuration définie par la question précédente, déterminer le nombre de points par tour du codeur incrémental de l'axe 2 pour respecter la répétabilité du robot qui est de 0,04 mm, sachant que le comptage est

3.1 Robots industriels

en quadrature et que le réducteur de l'axe 2 a un rapport 1/50.
9. On veut exercer une force externe **F** en P de telle sorte que $^0\mathbf{F} = [10\,\mathrm{N}\ \ 0\,\mathrm{N}\ \ 0\,\mathrm{N}]^T$. Calculer les couples correspondants à exercer sur les 3 axes pour la position de la figure.

■

Question 1

On place les repères conformément à la figure 3.5.

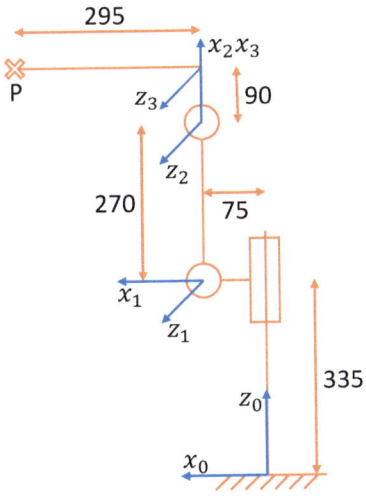

FIGURE 3.5 – Viper S650 : placement des repères de DH

Question 2

Le tableau de DH correspondant aux repères de la figure 3.5 est le suivant :

Axe	a_i	α_i	d_i	θ_i
1	$a_1 = 75$	$-\pi/2$	$d_1 = 335$	q_1
2	$a_2 = 270$	0	0	$q_2 - \pi/2$
3	$a_3 = 90$	0	0	q_3

TABLE 3.1 – Tableau de DH du Viper S650.

Question 3

En injectant chaque ligne du tableau de DH dans la matrice générique de passage de DH, on obtient :

$$\mathbf{M}_{01} = \begin{pmatrix} c_1 & 0 & -s_1 & a_1 c_1 \\ s_1 & 0 & c_1 & a_1 s_1 \\ 0 & -1 & 0 & d_1 \\ 0 & 0 & 0 & 1 \end{pmatrix} \quad (3.1)$$

$$\mathbf{M}_{12} = \begin{pmatrix} s_2 & c_2 & 0 & a_2 s_2 \\ -c_2 & s_2 & 0 & -a_2 c_2 \\ 0 & 0 & 1 & 0 \\ 0 & 0 & 0 & 1 \end{pmatrix} \quad (3.2)$$

$$\mathbf{M}_{23} = \begin{pmatrix} c_3 & -s_3 & 0 & a_3 c_3 \\ s_3 & c_3 & 0 & a_3 s_3 \\ 0 & 0 & 1 & 0 \\ 0 & 0 & 0 & 1 \end{pmatrix} \quad (3.3)$$

et finalement il vient :

$$\mathbf{M}_{13} = \mathbf{M}_{12}\mathbf{M}_{23} = \begin{pmatrix} s_{23} & c_{23} & 0 & a_3 s_{23} + a_2 s_2 \\ -c_{23} & s_{23} & 0 & -a_3 c_{23} - a_2 c_2 \\ 0 & 0 & 1 & 0 \\ 0 & 0 & 0 & 1 \end{pmatrix} \quad (3.4)$$

avec $c_i = \cos q_i$, $s_i = \sin q_i$, $c_{ij} = \cos(q_i + q_j)$ et $s_{ij} = \sin(q_i + q_j)$.

Question 4

On a :

$$\mathbf{M}_{01}(\pi) = \begin{pmatrix} -1 & 0 & 0 & -a_1 \\ 0 & 0 & -1 & 0 \\ 0 & -1 & 0 & d_1 \\ 0 & 0 & 0 & 1 \end{pmatrix} \quad (3.5)$$

3.1 Robots industriels

De plus :

$$\mathbf{M}_{13}(\pi/2, -\pi/2) = \begin{pmatrix} 0 & 1 & 0 & a_2 \\ -1 & 0 & 0 & -a_3 \\ 0 & 0 & 1 & 0 \\ 0 & 0 & 0 & 1 \end{pmatrix} \tag{3.6}$$

D'où :

$$\begin{aligned} \mathbf{M}_{03}(\pi, \pi/2, -\pi/2) &= \mathbf{M}_{01}(\pi)\mathbf{M}_{13}(\pi/2, -\pi/2) \\ &= \begin{pmatrix} 0 & -1 & 0 & -a_1 - a_2 \\ 0 & 0 & -1 & 0 \\ 1 & 0 & 0 & d_1 + a_3 \\ 0 & 0 & 0 & 1 \end{pmatrix} \end{aligned}$$

Cette position particulière est représentée dans la figure 3.6.

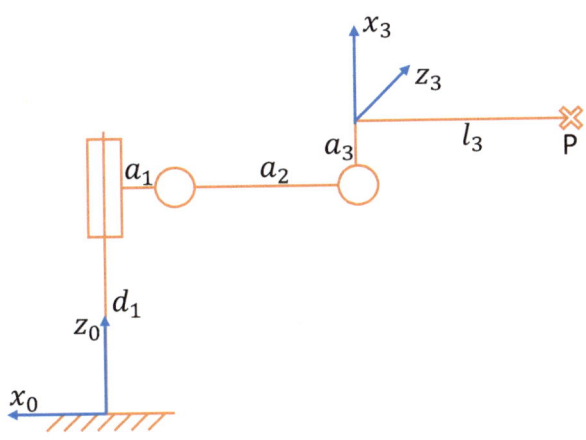

FIGURE 3.6 – Viper S650 : position particulière

On vérifie sur cette figure que les 3 colonnes de la sous-matrice de rotation de $\mathbf{M}_{03}(\pi, \pi/2, -\pi/2)$ sont les coordonnées de x_3, y_3 et z_3 dans le repère R_0. De plus, la partie translation correspond bien aux coordonnées de l'origine O_3 de R_3 dans R_0.

Question 5

Soient les coordonnées ^3P de P dans le repère R_3 :

$$^3P = \begin{pmatrix} 0 \\ l_3 \\ 0 \end{pmatrix} \tag{3.7}$$

Les coordonnées ^0P de P dans le repère R_0 s'obtiennent en utilisant le changement de repère :

$$\begin{pmatrix} ^0P \\ 1 \end{pmatrix} = \mathbf{M}_{03} \begin{pmatrix} ^3P \\ 1 \end{pmatrix}$$

$$= \mathbf{M}_{01}\mathbf{M}_{13} \begin{pmatrix} ^3P \\ 1 \end{pmatrix}$$

En utilisant les équations 3.1 et 3.4 on obtient :

$$^0P = \begin{pmatrix} l_3 c_1 c_{23} + a_1 c_1 + c_1(a_3 s_{23} + a_2 s_2) \\ l_3 s_1 c_{23} + a_1 s_1 + s_1(a_3 s_{23} + a_2 s_2) \\ -l_3 s_{23} + a_3 c_{23} + a_2 c_2 + d_1 \end{pmatrix}$$

Rappel de cours 3.1.1 Flashez ce code pour un rappel sur le changement de repère en utilisant les matrices homogènes.

Question 6

Dans ce cas particulier, on a :

$$^0P = \begin{pmatrix} -l_3 - a_2 - a_1 \\ 0 \\ a_3 + d_1 \end{pmatrix}$$

ce qui correspond bien à la figure 3.6.

Question 7

La configuration bras tendu est décrite dans la figure 3.7.

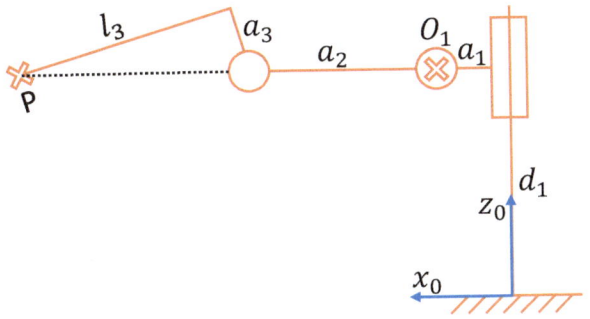

FIGURE 3.7 – Viper S650 : bras tendu

Dans cette configuration la distance O_1P est maximisée et on a $O_1P = a_2 + \sqrt{a_3^2 + l_3^2}$. En faisant l'application numérique (voir tableau de DH), on obtient $O_1P = 578{,}4234$ mm. On retrouve l'atteignabilité de ce robot en additionnant a_1, soit $653{,}4234$ mm (voir figure 3.1).

Question 8

Soit Δq_2, le pas de quantification angulaire maximum de q_2 : $578{,}4 \Delta q_2 = 0{,}04$. Soit Δ_2, le pas de quantification maximum au primaire du réducteur (au niveau du moteur) : $\Delta_2 = 50 \Delta q_2$. Le nombre minimum d'incréments par tour du système de comptage des signaux codeur doit donc être de $\frac{2\pi}{\Delta_2}$. Or on compte en quadruple précision, donc le nombre de pas N de la roue codeuse par tour peut être 4 fois plus petit : $N = \frac{2\pi}{4\Delta_2}$. On en déduit donc :

$$N = \frac{2\pi}{4\Delta_2} = \frac{2\pi}{4 \times 50 \times 0{,}04/578{,}4} = 454{,}3 \qquad (3.8)$$

Un codeur standard de 500 pas par tour est donc suffisant.

Rappel de cours 3.1.2 Flashez ce code pour un rappel sur la définition de la répétabilité.

Question 9

La position de la figure est celle pour laquelle toutes les coordonnées articulaires sont nulles. On calcule le Jacobien $\mathbf{J}$ du robot en dérivant les coordonnées ^0P de P dans R_0 par rapport à q_1, q_2 et q_3. En annulant toutes les coordonnées articulaires, on obtient $\mathbf{J}(\mathbf{0})$, la valeur du Jacobien pour la configuration de la figure. On trouve :

$$\mathbf{J}(\mathbf{0}) = \begin{pmatrix} 0 & 0{,}36 & 0{,}09 \\ 0{,}37 & 0 & 0 \\ 0 & -0{,}295 & -0{,}295 \end{pmatrix} \qquad (3.9)$$

Soit Γ le vecteur des couples moteurs. Pour réaliser la force $\mathbf{F}$ de l'énoncé en régime quasi statique, il faut donc appliquer les couples :

$$\Gamma = \mathbf{J}^T(\mathbf{0})\mathbf{F} = \begin{pmatrix} 0 \\ 3{,}6 \\ 0{,}9 \end{pmatrix} \qquad (3.10)$$

3.1 Robots industriels

3.1.3 Robot suspendu

Exercice 3.3 ★ ★ ★ ☆ ☆

Soit le manipulateur suspendu pouvant être modélisé par le schéma de la figure 3.8. Ce robot TRRR est représenté dans la position où ses coordonnées articulaires q_1 q_2 q_3 et q_4 sont toutes nulles.

1. Placer les axes manquants sur la figure 3.8.
2. Compléter le tableau 3.9 de DH de ce robot.
3. Donner l'expression des matrices $\mathbf{M}_{01}$ $\mathbf{M}_{12}$ $\mathbf{M}_{23}$ et $\mathbf{M}_{34}$.
4. Dans la suite on considère que le robot évolue dans le plan de la figure, c'est-à-dire que $q_2 = 0$. Dans ce cas particulier, calculer la matrice homogène $\mathbf{M}_{04}$.
5. Vérifier le modèle géométrique de la question précédente pour toutes les coordonnées articulaires nulles. Même question pour q_1 et q_2 nulles et pour $q_3 = q_4 = -\pi/2$.
6. Déterminer le Jacobien $\mathbf{J}$ de ce robot tel que :

$$\begin{pmatrix} v_x \\ v_z \\ \omega_y \end{pmatrix} = \mathbf{J} \begin{pmatrix} \dot{q}_1 \\ \dot{q}_3 \\ \dot{q}_4 \end{pmatrix}$$

avec v_x et v_z les coordonnées de la vitesse de O_4 dans le repère de base et ω_y la vitesse de rotation de R_4 autour de l'axe y du repère de base.

7. Le robot est utilisé pour soulever une charge de 20 kg dans la configuration où q_1 q_2 et q_3 sont nulles et $q_4 = -\pi/2$. Dans ce cas, calculer en régime statique les efforts des actionneurs.

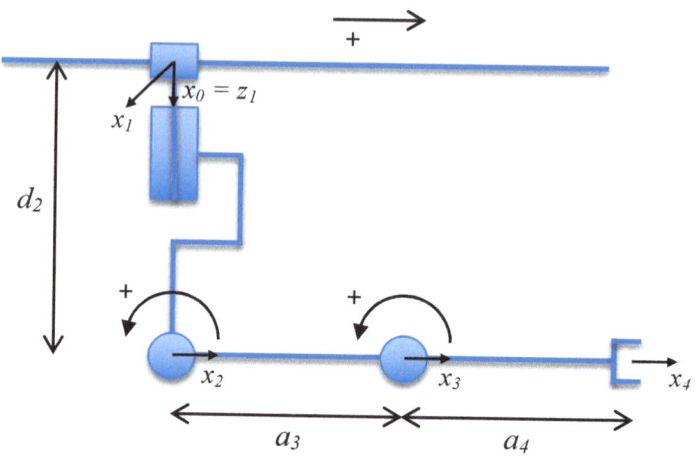

FIGURE 3.8 – Modèle du robot PANTO'LECQ.

Axes	α	a	d	θ
1				
2	$-\pi/2$			$q_2 - \pi/2$
3				
4				

FIGURE 3.9 – Tableau de DH du robot PANTO'LECQ.

Question 1

Les repères sont placés en respectant la convention de DH et le sens positif d'évolution des axes conformément à la figure 3.10.

3.1 Robots industriels

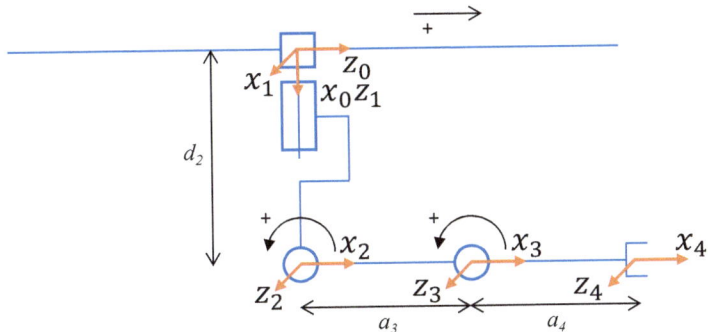

FIGURE 3.10 – Placement des repères de DH sur le robot PANTO'LECQ.

Question 2

Le tableau de DH correspondant aux repères de la figure 3.10 est donné ci-dessous :

Axe	a_i	α_i	d_i	θ_i
1	0	$-\pi/2$	q_1	$-\pi/2$
2	0	$-\pi/2$	d_2	$q_2 - \pi/2$
3	a_3	0	0	q_3
4	a_4	0	0	q_4

TABLE 3.2 – Tableau de DH du robot PANTO'LECQ.

Question 3

En substituant dans l'expression générale de la matrice de passage de DH successivement les termes de chacune des lignes du tableau de DH, on obtient :

$$\mathbf{M}_{01} = \begin{pmatrix} 0 & 0 & 1 & 0 \\ -1 & 0 & 0 & 0 \\ 0 & -1 & 0 & q_1 \\ 0 & 0 & 0 & 1 \end{pmatrix} \qquad (3.11)$$

$$\mathbf{M}_{12} = \begin{pmatrix} s_2 & 0 & c_2 & 0 \\ -c_2 & 0 & s_2 & 0 \\ 0 & -1 & 0 & d_2 \\ 0 & 0 & 0 & 1 \end{pmatrix} \tag{3.12}$$

$$\mathbf{M}_{23} = \begin{pmatrix} c_3 & -s_3 & 0 & a_3 c_3 \\ s_3 & c_3 & 0 & a_3 s_3 \\ 0 & 0 & 1 & 0 \\ 0 & 0 & 0 & 1 \end{pmatrix} \tag{3.13}$$

$$\mathbf{M}_{34} = \begin{pmatrix} c_4 & -s_4 & 0 & a_4 c_4 \\ s_4 & c_4 & 0 & a_4 s_4 \\ 0 & 0 & 1 & 0 \\ 0 & 0 & 0 & 1 \end{pmatrix} \tag{3.14}$$

avec $s_i = \sin(q_i)$ et $c_i = \cos(q_i)$.

Question 4

En faisant $q_2 = 0$ et en calculant le produit $\mathbf{M}_{01}\mathbf{M}_{12}\mathbf{M}_{23}\mathbf{M}_{34} = \mathbf{M}_{04}$, on trouve :

$$\mathbf{M}_{04} = \begin{pmatrix} -s_{34} & -c_{34} & 0 & -a_4 s_{34} - a_3 s_3 + d_2 \\ 0 & 0 & -1 & 0 \\ c_{34} & -s_{34} & 0 & a_4 c_{34} + a_3 c_3 + q_1 \\ 0 & 0 & 0 & 1 \end{pmatrix} \tag{3.15}$$

avec $c_{34} = \cos(q_3 + q_4)$ et $s_{34} = \sin(q_3 + q_4)$.

Question 5

En annulant toutes les coordonnées articulaires, on obtient :

$$\mathbf{M}_{04}(\mathbf{0}) = \begin{pmatrix} 0 & -1 & 0 & d_2 \\ 0 & 0 & -1 & 0 \\ 1 & 0 & 0 & a_4 + a_3 \\ 0 & 0 & 0 & 1 \end{pmatrix} \tag{3.16}$$

L'autre position particulière conduit à :

$$\mathbf{M}_{04}(q_1 = q_2 = 0, q_3 = q_4 = -\pi/2) = \begin{pmatrix} 0 & 1 & 0 & a_3 + d_2 \\ 0 & 0 & -1 & 0 \\ -1 & 0 & 0 & -a_4 \\ 0 & 0 & 0 & 1 \end{pmatrix}$$

3.1 Robots industriels

$$\text{(3.17)}$$

Dans ces deux configurations, on vérifie que les colonnes de la sous-matrice de rotation définissent les coordonnées de x_4, y_4 et z_4 dans R_0 et que les coordonnées de O_4 dans R_0 sont données par le vecteur de translation de $\mathbf{M}_{04}$.

Question 6

En dérivant les termes de translation suivant x_0 et z_0 de (3.15), on en déduit :

$$\mathbf{J} = \begin{pmatrix} 0 & -a_4 c_{34} - a_3 c_3 & -a_4 c_{34} \\ 1 & -a_4 s_{34} - a_3 s_3 & -a_4 s_{34} \\ 0 & -1 & -1 \end{pmatrix} \quad (3.18)$$

Pour la rotation autour de y_0, on notera que le sens de y_0 est opposé à celui de z_2 et z_3, ce qui explique le signe négatif.

Question 7

La configuration de cette question correspond à une préhension normale à une surface horizontale (par exemple la préhension à l'aide de ventouses d'une plaque de verre). Dans ce cas, on a :

$$\mathbf{J} = \begin{pmatrix} 0 & -a_3 & 0 \\ 1 & a_4 & a_4 \\ 0 & -1 & -1 \end{pmatrix} \quad (3.19)$$

Soit $\mathbf{F}$, la force extérieure appliquée par l'organe terminal pour soutenir le poids de la charge exprimée dans le repère de base :

$$^0\mathbf{F} = \begin{pmatrix} -200 \\ 0 \\ 0 \end{pmatrix} \quad (3.20)$$

Soit Γ le vecteur des efforts articulaires. On a donc en quasi statique :

$$\Gamma = \mathbf{J}^{T\,0}\mathbf{F} = \begin{pmatrix} 0 \\ 200 a_3 \\ 0 \end{pmatrix} \quad (3.21)$$

Il est logique que dans cette configuration l'axe 3 soit le seul à supporter la charge. De plus, le signe positif du couple et sa valeur sont également cohérents.

3.1.4 Robot SCARA low cost

Exercice 3.4 ★ ★ ☆ ☆ ☆

Le Dobot M1 est un petit robot SCARA à 4 axes à moins de 1000\$ (voir figure 3.11). Sa cinématique TRRR est modélisée dans la figure 3.12 où il est représenté dans sa configuration où toutes les variables articulaires $q_1 \ldots q_4$ sont nulles.

1. Rajouter sur la figure 3.12 les axes manquants des repères R_1, R_2 et R_3 sachant que toutes les rotations sont comptées positivement dans le sens trigonométrique lorsqu'on observe le robot en vue de dessus.
2. Remplir le tableau de DH de ce robot :

Axe i	a_i	α_i	d_i	θ_i
1				
2				
3				
4				

3. Calculer $\mathbf{M}_{01}$, $\mathbf{M}_{12}$, $\mathbf{M}_{23}$ et $\mathbf{M}_{34}$. En déduire $\mathbf{M}_{04}$ (simplifier les expressions trigonométriques).
4. Calculer $\mathbf{M}_{04}$ pour $q_1 = \ldots = q_4 = 0$. Calculer $\mathbf{M}_{04}$ pour $q_1 = 0$, $q_2 = \frac{\pi}{2}$, $q_3 = q_4 = 0$. Vérifier la validité du modèle géométrique sur ces cas particuliers.
5. Soit $^0\mathbf{V}_{04}^{O_4}$ la vitesse du point O_4 origine du repère R_4 dans le mouvement de R_4 par rapport à R_0, exprimée dans le repère R_0. Soit $\dot{\theta}$ la vitesse de rotation de la pince autour de z_0. Calculer le Jacobien $\mathbf{J}$ tel que $[^0\mathbf{V}_{04}^{O_4} \ \dot{\theta}]^T = \mathbf{J}\dot{\mathbf{q}}$ avec $\mathbf{q} = [q_1 \ q_2 \ q_3 \ q_4]^T$.
6. Calculer $\mathbf{J}$ pour les configurations $^1\mathbf{q} = [0\ 0\ 0\ 0]^T$ et $^2\mathbf{q} = [0\ \frac{\pi}{2}\ -\frac{\pi}{2}\ 0]^T$. Vérifier la validité du Jacobien sur ces 2 cas particuliers. On pourra s'aider de figures et raisonner géométriquement.
7. Calculer l'inverse de $\mathbf{J}$ à la position $^2\mathbf{q}$.
8. En déduire les vitesses articulaires $^2\dot{\mathbf{q}}$ dans la configuration $^2\mathbf{q}$ pour réaliser $^0\mathbf{V}_{04}^{O_4} = [1\ 0\ 0]^T$ et $\dot{\theta} = 0$.

3.1 Robots industriels

On pourra utiliser les formules suivantes :

$$\sin(a+b) = \sin(a)\cos(b) + \cos(a)\sin(b)$$
$$\cos(a+b) = \cos(a)\cos(b) - \sin(a)\sin(b)$$

$$\begin{bmatrix} 0 & A & 0 & 0 \\ 0 & B & B & 0 \\ C & 0 & 0 & 0 \\ 0 & C & C & C \end{bmatrix}^{-1} = \begin{bmatrix} 0 & 0 & 1/C & 0 \\ 1/A & 0 & 0 & 0 \\ -1/A & 1/B & 0 & 0 \\ 0 & -1/B & 0 & 1/C \end{bmatrix}$$

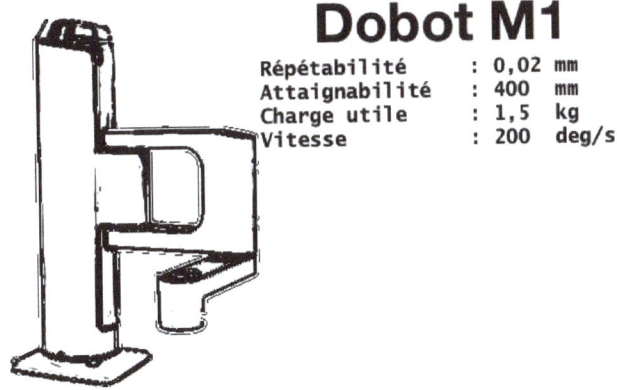

FIGURE 3.11 – Le Dobot M1.

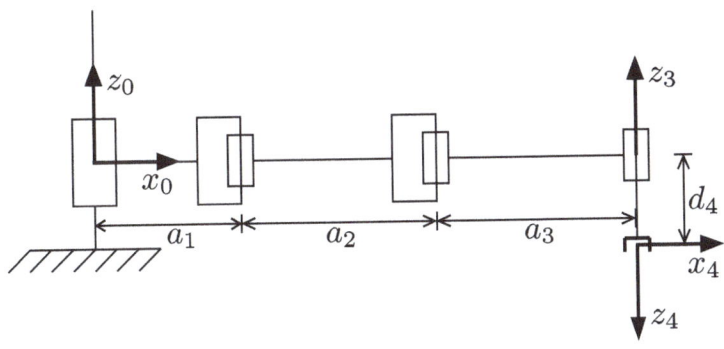

FIGURE 3.12 – Modèle du Dobot M1.

Question 1

Les repères sont positionnés conformément à la figure 3.13.

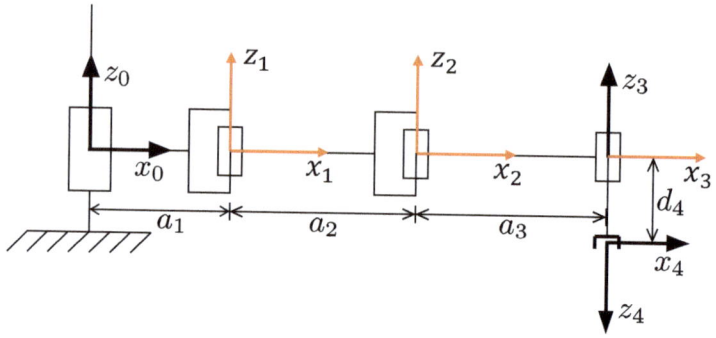

FIGURE 3.13 – Modèle du Dobot M1.

Question 2

Le tableau de DH de ce robot est le suivant :

Axe	a_i	α_i	d_i	θ_i
1	a_1	0	q_1	0
2	a_2	0	0	q_2
3	a_3	0	0	q_3
4	0	π	$-d_4$	q_4

TABLE 3.3 – Tableau de DH du robot Dobot M1.

Question 3

En injectant les paramètres de chaque ligne du tableau de DH dans l'expression générale de la matrice de passage de DH, on obtient les matrices de transformation intermédiaires $\mathbf{M}_{01}$, $\mathbf{M}_{12}$, $\mathbf{M}_{23}$ et $\mathbf{M}_{34}$. On trouve :

$$\begin{aligned}\mathbf{M}_{04} &= \mathbf{M}_{01}\mathbf{M}_{12}\mathbf{M}_{23}\mathbf{M}_{34} \\ &= \begin{pmatrix} c_{234} & s_{234} & 0 & a_3c_{23}+a_2c_2+a_1 \\ s_{234} & -c_{234} & 0 & a_3s_{23}+a_2s_2 \\ 0 & 0 & -1 & -d_4+q_1 \\ 0 & 0 & 0 & 1 \end{pmatrix}\end{aligned}$$

3.1 Robots industriels

avec :

$$
\begin{aligned}
c_{234} &= \cos(q_2+q_3+q_4) \\
s_{234} &= \sin(q_2+q_3+q_4) \\
c_{23} &= \cos(q_2+q_3) \\
s_{23} &= \sin(q_2+q_3) \\
c_2 &= \cos(q_2) \\
s_2 &= \sin(q_2)
\end{aligned}
$$

Question 4

On a :

$$
\mathbf{M}_{04}(\mathbf{0}) = \begin{pmatrix} 1 & 0 & 0 & a_3+a_2+a_1 \\ 0 & -1 & 0 & 0 \\ 0 & 0 & -1 & -d_4 \\ 0 & 0 & 0 & 1 \end{pmatrix}
$$

et :

$$
\mathbf{M}_{04}(0,\pi/2,0,0) = \begin{pmatrix} 0 & 1 & 0 & a_1 \\ 1 & 0 & 0 & a_2+a_3 \\ 0 & 0 & -1 & -d_4 \\ 0 & 0 & 0 & 1 \end{pmatrix}
$$

Dans les deux cas, on fait les vérifications suivantes :
— Les vecteurs colonne de la sous-matrice de rotation de $\mathbf{M}_{04}$ donnent les coordonnées de x_4, y_4 et z_4 dans le repère R_0.
— Le vecteur de translation de $\mathbf{M}_{04}$ donne les coordonnées de la pince dans R_0.

Question 5

En dérivant par rapport au temps les coordonnées de translation de $\mathbf{M}_{04}$ on trouve aisément les 3 premières lignes du Jacobien. La dernière ligne s'obtient en appliquant la méthode de composition des vitesses de rotation. En effet, les axes 2, 3 et 4 contribuent de manière égale à la vitesse de rotation autour de z_0. On obtient donc :

$$
\mathbf{J} = \begin{pmatrix} 0 & -a_3 s_{23} - a_2 s_2 & -a_3 s_{23} & 0 \\ 0 & a_3 c_{23} + a_2 c_2 & a_3 c_{23} & 0 \\ 1 & 0 & 0 & 0 \\ 0 & 1 & 1 & 1 \end{pmatrix} \tag{3.22}
$$

Question 6
On a :

$$\mathbf{J}(^1\mathbf{q}) = \begin{pmatrix} 0 & 0 & 0 & 0 \\ 0 & a_2+a_3 & a_3 & 0 \\ 1 & 0 & 0 & 0 \\ 0 & 1 & 1 & 1 \end{pmatrix} \quad (3.23)$$

et :

$$\mathbf{J}(^2\mathbf{q}) = \begin{pmatrix} 0 & -a_2 & 0 & 0 \\ 0 & a_3 & a_3 & 0 \\ 1 & 0 & 0 & 0 \\ 0 & 1 & 1 & 1 \end{pmatrix} \quad (3.24)$$

On retrouve aisément les termes des 2 premières lignes en raisonnant géométriquement dans le plan $(x_0\ y_0)$.

Question 7
En s'aidant des indications de l'énoncé, on obtient :

$$\mathbf{J}^{-1}(^2\mathbf{q}) = \begin{pmatrix} 0 & 0 & 1 & 0 \\ -1/a_2 & 0 & 0 & 0 \\ 1/a_2 & 1/a_3 & 0 & 0 \\ 0 & -1/a_3 & 0 & 1 \end{pmatrix} \quad (3.25)$$

Question 8
On en déduit $^2\dot{\mathbf{q}} = \mathbf{J}^{-1}(^2\mathbf{q})[1\ 0\ 0\ 0]^T$. Soit :

$$^2\dot{\mathbf{q}} = \begin{pmatrix} 0 \\ -1/a_2 \\ 1/a_2 \\ 0 \end{pmatrix} \quad (3.26)$$

3.2 Robots médicaux

3.2.1 Robot de chirurgie

Exercice 3.5 ★ ★ ★ ★ ★

Soit un robot de chirurgie laparoscopique[a] de type TRRRR (une translation puis 4 rotations). La figure 3.14 représente ce robot dans la position où toutes les coordonnées articulaires $q_1,...,q_5$ sont nulles.

1. Compléter les axes des repères associés à chacun des corps en respectant la convention de DH. On veillera à simplifier au maximum le tableau de DH.
2. Donner le tableau de DH de ce robot.
3. Donner la matrice homogène de transformation $\mathbf{M}_{03}$ entre le repère de base R_0 et le repère R_3 en fonction des coordonnées articulaires q_1, q_2 et q_3. Donner la matrice homogène de transformation $\mathbf{M}_{35}$ entre le repère R_3 et le dernier repère R_5 en fonction de q_4 et q_5.
4. Calculer **pour la position représentée sur la figure**, les expressions de $\mathbf{M}_{03}$ et $\mathbf{M}_{35}$. En déduire l'expression de $\mathbf{M}_{05}$ pour cette même position. Conclure sur la validité de vos résultats.
5. Donner les expressions de T_x, T_y et T_z, les coordonnées de la translation entre le repère de base R_0 et le repère terminal R_5 exprimée dans R_0. Soit $\mathbf{J}$, le Jacobien qui relie la vitesse $\mathbf{V} = [V_x, V_y, V_z]^T$ de l'origine du repère terminal exprimée dans R_0, aux vitesses articulaires $\dot{q} = [\dot{q}_1,...,\dot{q}_5]^T$: $\mathbf{V} = \mathbf{J}\dot{q}$. Donner l'expression de $\mathbf{J}$ en fonction de $q_1,...,q_5$.
6. Calculer le $\mathbf{J}$ correspondant à la position du robot représentée sur la figure. Conclure quant à la validité des résultats.
7. On veut commander une vitesse opérationnelle $\mathbf{V} = [V_x, V_y, V_z]^T$ dans la position où se trouve le robot sur la figure. Donner une solution $\dot{q}_1,...,\dot{q}_5$ satisfaisant la commande $\mathbf{V} = [0\ 1\ 0]^T$. Donner une solution pour commander une vitesse opérationnelle $\mathbf{V} = [1\ 0\ 0]^T$ et une solution pour commander une vitesse opérationnelle $\mathbf{V} = [0\ 0\ 1]^T$.

a. Robot D2M2 (Direct Drive Medical Manipulator), Rui Cortesão, Walid Zarrad, Philippe Poignet, Olivier Company et Etienne Dombre, laboratoire LIRMM, Montpellier.

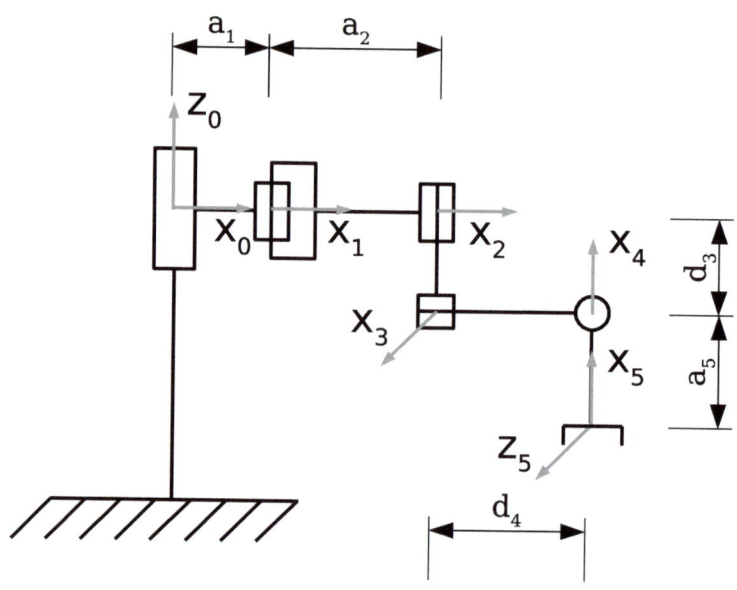

FIGURE 3.14 – Robot médical.

Question 1

Les repères manquants ont été placés dans la figure 3.15. Un choix a été fait quant au sens positif de rotation des axes qui n'était pas spécifié.

3.2 Robots médicaux

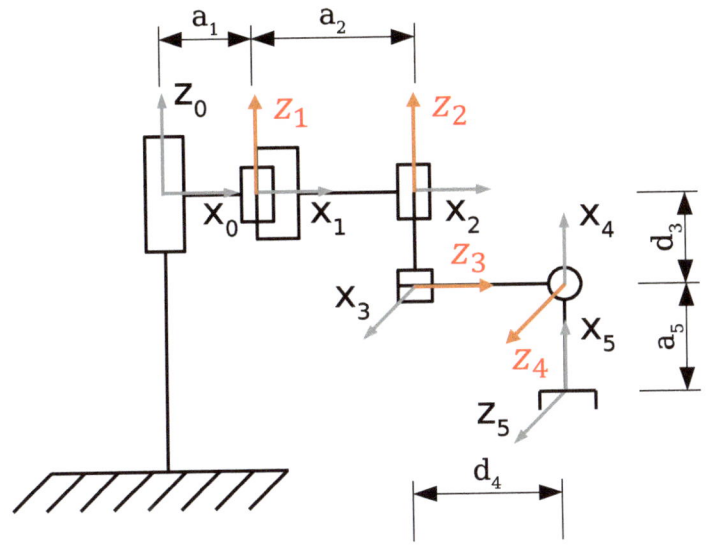

FIGURE 3.15 – Placement des repères de DH sur le robot D2M2.

Question 2

Le tableau de DH correspondant aux repères de la figure 3.15 est le suivant :

Axe	a_i	α_i	d_i	θ_i
1	a_1	0	q_1	0
2	a_2	0	0	q_2
3	0	$-\pi/2$	$-d_3$	$q_3 - \pi/2$
4	0	$-\pi/2$	d_4	$q_4 - \pi/2$
5	$-a_5$	0	0	q_5

TABLE 3.4 – Tableau de DH du robot D2M2.

Question 3

La matrice homogène de transformation $\mathbf{M}_{03}$ entre le repère de base et le repère R_3 est la suivante :

$$\mathbf{M}_{03} = \begin{pmatrix} s_{23} & 0 & c_{23} & c_2 a_2 + a_1 \\ -c_{23} & 0 & s_{23} & s_2 a_2 \\ 0 & -1 & 0 & -d_3 + q_1 \\ 0 & 0 & 0 & 1 \end{pmatrix} \qquad (3.27)$$

avec $c_i = \cos q_i$, $s_i = \sin q_i$, $c_{ij} = \cos(q_i + q_j)$ et $s_{ij} = \sin(q_i + q_j)$. En utilisant les mêmes conventions (classiques en robotique), $\mathbf{M}_{35}$ est définie comme suit :

$$\mathbf{M}_{35} = \begin{pmatrix} s_4 c_5 & -s_4 s_5 & c_4 & -s_4 c_5 a_5 \\ -c_4 c_5 & c_4 s_5 & s_4 & c_4 c_5 a_5 \\ -s_5 & -c_5 & 0 & a_5 s_5 + d_4 \\ 0 & 0 & 0 & 1 \end{pmatrix} \qquad (3.28)$$

Question 4

La figure 3.14 représente le robot dans sa configuration où toutes les variables articulaires sont nulles. En annulant les q_i dans les expressions 3.27 et 3.28 et en faisant ensuite le produit des 2 matrices obtenues, on obtient $\mathbf{M}_{05}(\mathbf{0})$:

$$\mathbf{M}_{05}(\mathbf{0}) = \begin{pmatrix} 0 & -1 & 0 & d_4 + a_2 + a_1 \\ 0 & 0 & -1 & 0 \\ 1 & 0 & 0 & -a_5 - d_3 \\ 0 & 0 & 0 & 1 \end{pmatrix} \qquad (3.29)$$

On vérifie que les 3 vecteurs colonne de (3.29) sont les coordonnées de x_5, y_5 et z_5 dans R_0 dans la configuration de la figure 3.15. De plus, on vérifie que le vecteur de translation de $\mathbf{M}_{05}(\mathbf{0})$ définit bien les coordonnées de O_5 dans le repère R_0.

Question 5

En faisant le produit $\mathbf{M}_{03}$ par $\mathbf{M}_{35}$ uniquement pour les 3 termes de translation T_x, T_y et T_z, on obtient :

$$\begin{aligned} T_x &= -s_{23} s_4 c_5 a_5 + s_5 c_{23} a_5 + c_{23} d_4 + c_2 a_2 + a_1 \\ T_y &= c_{23} s_4 c_5 a_5 + s_5 s_{23} a_5 + s_{23} d_4 + s_2 a_2 \\ T_z &= -c_4 c_5 a_5 - d_3 + q_1 \end{aligned}$$

$$(3.30)$$

3.2 Robots médicaux

Le Jacobien **J** s'obtient en dérivant les équations 3.30 par rapport aux 5 variables articulaires $q_1,...,q_5$. Ses 9 termes j_{kl} sont les suivants :

$$\begin{aligned}
j_{11} &= 0 \\
j_{12} &= -c_{23}s_4c_5a_5 - s_5s_{23}a_5 - s_{23}d_4 - s_2a_2 \\
j_{13} &= -c_{23}s_4c_5a_5 - s_5s_{23}a_5 - s_{23}d_4 \\
j_{14} &= -s_{23}c_4c_5a_5 \\
j_{15} &= a_5(s_{23}s_4s_5 + c_{23}c_5) \\
j_{21} &= 0 \\
j_{22} &= -s_{23}s_4c_5a_5 + s_5c_{23}a_5 + c_{23}d_4 + c_2a_2 \\
j_{23} &= -s_{23}s_4c_5a_5 + s_5c_{23}a_5 + c_{23}d_4 \\
j_{24} &= c_{23}c_4c_5a_5 \\
j_{25} &= -a_5(c_{23}s_4s_5 - s_{23}c_5) \\
j_{31} &= 1 \\
j_{32} &= 0 \\
j_{33} &= 0 \\
j_{34} &= s_4c_5a_5 \\
j_{35} &= c_4s_5a_5
\end{aligned}$$
(3.31)

Question 6

En annulant les q_i dans les équations 3.31, on obtient la valeur particulière $\mathbf{J(0)}$ du Jacobien pour la configuration nulle :

$$\mathbf{J(0)} = \begin{pmatrix} 0 & 0 & 0 & 0 & a_5 \\ 0 & d_4+a_2 & d_4 & a_5 & 0 \\ 1 & 0 & 0 & 0 & 0 \end{pmatrix}$$
(3.32)

Question 7

On observe un certain découplage des coordonnées articulaires par rapport aux trois translations dans (3.32). Ainsi, q_5 contribue exclusivement à la translation suivant x_0, q_1 à la translation suivant z_0 et $q_2,...,q_4$ à la translation suivant y_0. Ceci est cohérent avec un raisonnement géométrique simple à partir de la figure. On pourrait utiliser le pseudo-inverse pour calculer les vitesses articulaires à partir des vitesses opérationnelles dans les 3 cas. Mais en utilisant ces propriétés de découplage, on peut faire plus simple. Ainsi, pour $\mathbf{V} = [1\ 0\ 0]^T$, on a $V_x = a_5 \dot{q}_5$, donc toutes les vitesses articulaires sont nulles sauf $\dot{q}_5 = 1/a_5$. Pour $\mathbf{V} = [0\ 0\ 1]^T$, on a $V_z = \dot{q}_1$, donc toutes les vitesses articulaires sont nulles sauf $\dot{q}_1 = 1$. Pour $\mathbf{V} = [0\ 1\ 0]^T$, on a $V_y = (d_4 + a_2)\dot{q}_2 + d_4 \dot{q}_3 + a_5 \dot{q}_4$. Donc, une solution possible parmi d'autres est d'annuler toutes les vitesses articulaires sauf $\dot{q}_3 = 1/d_4$.

3.2 Robots médicaux

3.2.2 Robot de TMS

Exercice 3.6 ★ ★ ★ ★ ☆

La TMS ou *Transcranial Magnetic Stimulation* est une technique permettant de traiter des troubles psychiatriques par des stimulations électromagnétiques. Pour cela, une sonde générant des impulsions électromagnétiques doit être déplacée à la surface du crâne du patient en suivant de manière très précise des structures internes du cerveau.

Soit le robot de TMS décrit par la figure 3.16. C'est un robot RRT à 2 axes rotoïdes et un axe prismatique qui a un espace de travail sphérique, compatible avec des mouvements autour de la tête. Les 3 axes de ce robot sont concourants et se coupent en un point qui est le centre de l'espace de travail et qu'on définit comme l'origine commune de tous les repères. Ce robot est représenté dans la configuration où les coordonnées articulaires q_1, q_2 et q_3 sont nulles.

1. Donner le tableau de DH de ce robot en utilisant les repères définis dans la figure 3.16.
2. Calculer $\mathbf{M}_{03}$.
3. Vérifier le modèle géométrique avec les configurations particulières suivantes :
   — Position $q_1 = 0$, $q_2 = \pi/2$, $q_3 = -1$
   — Position $q_1 = \pi/2$, $q_2 = \pi/2$, $q_3 = -1$
   — Position $q_1 = 0$, $q_2 = \pi$, $q_3 = -1$
4. Ce robot a 3 DDL. Il est utilisé pour positionner la sonde en translation. Soient T_x, T_y, T_z les coordonnées dans R_0 de l'origine de R_3 (donc de la sonde). Donner q_1, q_2 et q_3 en fonction de T_x, T_y et T_z. On exprimera q_1 puis q_2 à l'aide de la fonction atan2.
5. Calculer q_1, q_2 et q_3 pour $T_x = 0$, $T_y = 0$ et $T_z = 1$. Commenter.
6. Soient V_x, V_y et V_z les dérivées par rapport au temps de T_x, T_y et T_z. Donner le Jacobien $\mathbf{J}$ reliant V_x, V_y et V_z aux vitesses articulaires $\dot{q}_1$, $\dot{q}_2$ et $\dot{q}_3$.
7. Le robot est dans la position $q_1 = 0$, $q_2 = \pi/2$ et $q_3 = -1$. Calculer $\mathbf{J}$. Toujours dans cette position, calculer les efforts articulaires pour exercer une force

$^0\mathbf{F} = [-1\ 0\ 0]^T$ (exprimée dans le repère R_0) sur la tête du patient.
8. De manière générale, quelle que soit la configuration du robot, calculer les efforts articulaires pour générer une force $^3\mathbf{F} = [0\ 0\ 1]^T$ (exprimée dans le repère R_3).

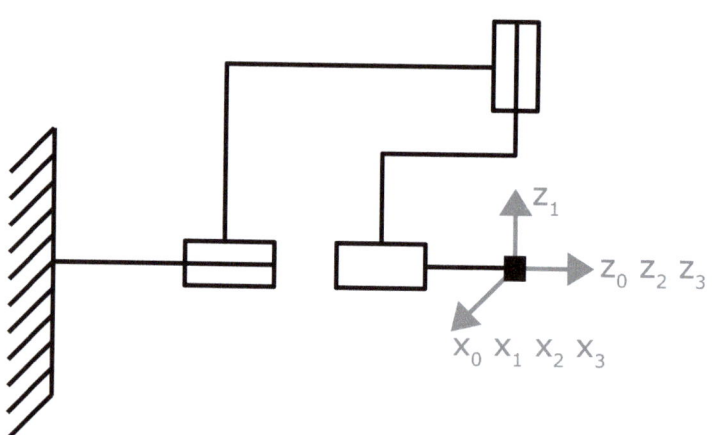

FIGURE 3.16 – Robot de TMS.

Question 1

Le tableau de DH de ce robot est donné ci-dessous :

Axe	a_i	α_i	d_i	θ_i
1	0	$\pi/2$	0	q_1
2	0	$-\pi/2$	0	q_2
3	0	0	q_3	0

TABLE 3.5 – Tableau de DH du robot de TMS.

Question 2

En injectant successivement les 3 lignes de paramètres de DH dans la matrice homogène de passage de DH on obtient $\mathbf{M}_{01}$,

3.2 Robots médicaux

$\mathbf{M}_{12}$ et $\mathbf{M}_{23}$. On trouve $\mathbf{M}_{03}$ en faisant le produit $\mathbf{M}_{01}\mathbf{M}_{12}\mathbf{M}_{23}$:

$$\mathbf{M}_{03} = \begin{pmatrix} c_1c_2 & -s_1 & -c_1s_2 & -c_1s_2q_3 \\ s_1c_2 & c_1 & -s_1s_2 & -s_1s_2q_3 \\ s_2 & 0 & c_2 & c_2q_3 \\ 0 & 0 & 0 & 1 \end{pmatrix} \tag{3.33}$$

avec $c_i = \cos q_i$ et $s_i = \sin q_i$.

Question 3

— Position $q_1 = 0$, $q_2 = \pi/2$, $q_3 = -1$:

$$\mathbf{M}_{03} = \begin{pmatrix} 0 & 0 & -1 & 1 \\ 0 & 1 & 0 & 0 \\ 1 & 0 & 0 & 0 \\ 0 & 0 & 0 & 1 \end{pmatrix}$$

— Position $q_1 = \pi/2$, $q_2 = \pi/2$, $q_3 = -1$:

$$\mathbf{M}_{03} = \begin{pmatrix} 0 & -1 & 0 & 0 \\ 0 & 0 & -1 & 1 \\ 1 & 0 & 0 & 0 \\ 0 & 0 & 0 & 1 \end{pmatrix}$$

— Position $q_1 = 0$, $q_2 = \pi$, $q_3 = -1$:

$$\mathbf{M}_{03} = \begin{pmatrix} -1 & 0 & 0 & 0 \\ 0 & 1 & 0 & 0 \\ 0 & 0 & -1 & 1 \\ 0 & 0 & 0 & 1 \end{pmatrix}$$

Pour ces 3 configurations on vérifie que les vecteurs colonne de la sous-matrice de rotation sont les coordonnées de x_3, y_3 et z_3 dans R_0 et que la translation donne les coordonnées de O_3 dans R_0.

Question 4

Comme la sonde se positionne à la surface du crâne du patient, on en déduit que $q_3 < 0$. Dans le cas contraire, le dernier corps du robot traverserait le crâne du patient. Le signe de q_2 est le même que le signe de T_x. $T_x > 0$ correspond à un point à l'avant du crâne tandis que $T_x < 0$ correspond à un point à l'arrière. L'exploitation de la partie translation de (3.33) conduit donc à :

$$\begin{aligned}
q_1 &= \text{sign}(T_x)\,\text{atan2}(T_y, T_x) \\
q_2 &= \text{sign}(T_x)\,\text{atan2}\left(\sqrt{T_x^2 + T_y^2}, -T_z\right) \\
q_3 &= \frac{T_z}{\cos q_2} \text{ si } q_2 \neq \frac{\pi}{2}[\pi] \\
q_3 &= \frac{T_x}{-\cos q_1 \sin q_2} \text{ si } q_2 = \frac{\pi}{2}[\pi]
\end{aligned}$$
(3.34)

R Le modèle géométrique inverse est singulier pour $T_x = T_y = T_z = 0$. Ce cas n'arrive pas en pratique, car il correspond à un point au centre du crâne du patient. Il est aussi singulier pour $T_x = T_y = 0$ $T_z \neq 0$. Dans ce cas q_1 admet une infinité de solutions. On peut arbitrairement choisir $q_1 = 0$.

Rappel de cours 3.2.1 Flashez ce code pour un exemple similaire de calcul de modèle géométrique inverse.

Question 5

En utilisant les équations 3.34, on constate que q_1 est indéterminé. On choisit donc arbitrairement $q_1 = 0$. On en déduit $q_2 = \pi$ et $q_3 = -1$.

3.2 Robots médicaux

Question 6

En dérivant par rapport au temps les termes de translation de (3.33), on obtient :

$$V_x = \underbrace{\frac{1}{2}q_3\left(\cos(q_1-q_2)-\cos(q_1+q_2)\right)\dot{q}_1}_{j_{11}}$$

$$+ \underbrace{-\frac{1}{2}q_3\left(\cos(q_1-q_2)+\cos(q_1+q_2)\right)\dot{q}_2}_{j_{12}}$$

$$+ \underbrace{\frac{1}{2}\left(-\sin(q_1+q_2)+\sin(q_1-q_2)\right)\dot{q}_3}_{j_{13}}$$

$$V_y = \underbrace{\frac{1}{2}q_3\left(-\sin(q_1+q_2)+\sin(q_1-q_2)\right)\dot{q}_1}_{j_{21}}$$

$$+ \underbrace{-\frac{1}{2}q_3\left(\sin(q_1+q_2)+\sin(q_1-q_2)\right)\dot{q}_2}_{j_{22}}$$

$$+ \underbrace{\frac{1}{2}\left(-\cos(q_1-q_2)+\cos(q_1+q_2)\right)\dot{q}_3}_{j_{23}}$$

$$V_z = \underbrace{-q_3\sin q_2}_{j_{32}}\dot{q}_2 + \underbrace{\cos q_2}_{j_{33}}\dot{q}_3$$

avec j_{kl}, les termes de la matrice $\mathbf{J}$ et $j_{31}=0$.

Question 7

Pour $q_1=0$, $q_2=\pi/2$ et $q_3=-1$ on obtient :

$$\mathbf{J}=\begin{pmatrix} 0 & 0 & -1 \\ 1 & 0 & 0 \\ 0 & 1 & 0 \end{pmatrix} \tag{3.35}$$

Avec $^0\mathbf{F}=[-1\ 0\ 0]^T$, le vecteur Γ des efforts articulaires s'obtient en calculant :

$$\Gamma = \mathbf{J}^T \begin{pmatrix} -1 \\ 0 \\ 0 \end{pmatrix} = \begin{pmatrix} 0 \\ 0 \\ 1 \end{pmatrix} \tag{3.36}$$

Donc seul l'axe 3 doit exercer un effort de 1 N.

Question 8

Une force $^3\mathbf{F} = [0\ 0\ 1]^T$ correspond à un effort de contact de 1 N de la sonde sur la tête du patient. Cette force ne génère aucun moment sur les axes 1 et 2 (la droite dirigée suivant cette force et passant par son point d'application coupe les deux premiers axes de rotation du robot). La pression de contact de la sonde est donc intégralement commandée par l'axe 3 de ce robot.

3.3 Autres applications

3.3.1 Pelle mécanique

Exercice 3.7 ★ ★ ★ ★ ★

Une pelle mécanique telle que celle représentée dans la figure 3.17 peut être considérée comme un robot. Pour simplifier, on suppose que les chenilles produisent uniquement une translation. Ainsi, le premier axe de ce robot est un axe prismatique de variable articulaire q_1 tel que l'indique le schéma au bas de la figure 3.17. Ce schéma représente la pelle mécanique dans la configuration où toutes les variables articulaires sont nulles. Notez bien que le point B est lié au sol et qu'en position nulle, il est sur l'axe rotoïde 2. Les autres variables articulaires sont notées q_2 à q_5.

1. Donner le tableau de DH de ce robot. Les dimensions seront exprimées numériquement en mètres. Les angles seront exprimés en radians.
2. Calculer $\mathbf{M}_{01}$, $\mathbf{M}_{12}$, $\mathbf{M}_{23}$, $\mathbf{M}_{34}$ et $\mathbf{M}_{45}$, les matrices de homogènes entre les repères R_0, R_1, R_2, R_3, R_4 et R_5, en fonction des variables articulaires à partir de l'expression générale de DH.
3. A partir des expressions précédentes, calculer $\mathbf{M}_{01}$, $\mathbf{M}_{12}$, $\mathbf{M}_{23}$, $\mathbf{M}_{34}$ et $\mathbf{M}_{45}$ dans le cas particulier où les variables articulaires sont nulles. En déduire $\mathbf{M}_{05}$ dans la position nulle. Vérifier ce résultat.
4. Sans actionner les chenilles, on veut amener le godet à une position telle que :

$$\mathbf{M}_{05}(\mathbf{q_b}) = \begin{bmatrix} 0 & 0 & 1 & 0 \\ -1 & 0 & 0 & -4 \\ 0 & -1 & 0 & 3 \\ 0 & 0 & 0 & 1 \end{bmatrix} \quad (3.37)$$

Représenter approximativement la configuration de la pelle mécanique dans cette position particulière à l'aide d'un schéma. Déduire de manière évidente la valeur des variables articulaires q_1 et q_2 dans cette configuration. En s'aidant de résultats du cours, calculer les positions articulaires q_3, q_4 et q_5. Pour des raisons pratiques, l'angle q_4 ne peut pas être négatif.

5. En utilisant les positions articulaires $\mathbf{q_b}$ trouvées à la question précédente, calculer $\mathbf{M}_{01}$, $\mathbf{M}_{12}$, $\mathbf{M}_{23}$, $\mathbf{M}_{34}$ et $\mathbf{M}_{45}$ puis $\mathbf{M}_{05}$. Vérifier la validité du modèle géométrique inverse. Afin d'augmenter la manipulabilité, faut-il avancer ou reculer ?

6. On se place dans le cas particulier où $q_1 = q_2 = 0$. Soient V_y, V_z et ω_x respectivement les vitesses du point P suivant y_0 et z_0, et la vitesse de rotation du repère terminale autour de x_0. Calculer le Jacobien $\mathbf{J}$ de la pelle mécanique en fonction des grandeurs articulaires q_3, q_4 et q_5 tel que :

$$\begin{pmatrix} V_y \\ V_z \\ \omega_x \end{pmatrix} = \mathbf{J} \begin{pmatrix} \dot{q}_3 \\ \dot{q}_4 \\ \dot{q}_5 \end{pmatrix} \qquad (3.38)$$

7. Calculer l'expression particulière de $\mathbf{J}$ dans la position nulle de la pelle mécanique. Vérifier l'exactitude du calcul. Quel est le rang de la matrice obtenue ? Pourquoi ?

8. Calculer l'expression particulière de $\mathbf{J}$ pour les positions articulaires obtenues dans la question 4. Pour creuser le sol, il faut exercer une force verticale vers le bas de $10\,000\,\text{N}$ au point P. Calculer les couples sur les axes 3, 4 et 5 nécessaires pour générer cette force.

3.3 Autres applications

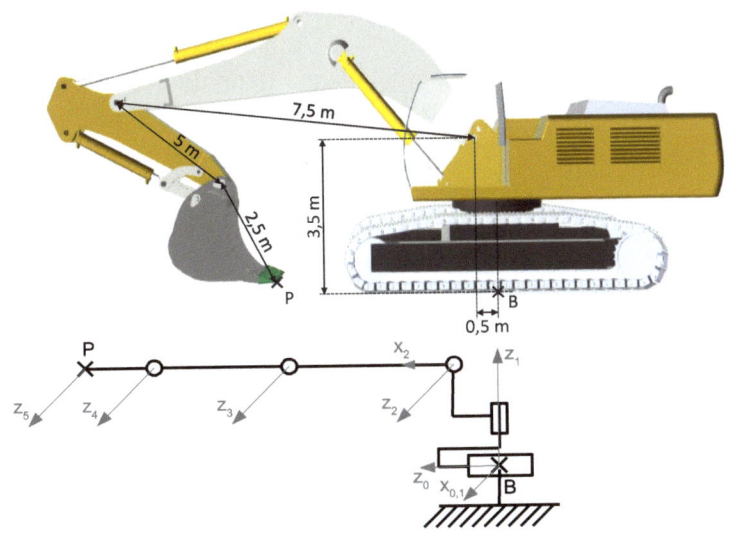

FIGURE 3.17 – Pelle mécanique (merci à Chris Haas pour le modèle CAO d'une pelle Liebherr R954).

Question 1

Pour simplifier au maximum le tableau de DH, on suppose que les axes $x_{3...5}$ sont orientés comme x_2. On obtient alors le tableau suivant :

Axe	a_i	α_i	d_i	θ_i
1	0	$-\pi/2$	q_1	0
2	$a_2 = 0{,}5$	$-\pi/2$	$d_2 = 3{,}5$	$q_2 - \pi/2$
3	$a_3 = 7{,}5$	0	0	q_3
4	$a_4 = 5$	0	0	q_4
5	$a_5 = 2{,}5$	0	0	q_5

TABLE 3.6 – Tableau de DH de la pelle mécanique.

Question 2

En injectant les valeurs de chaque ligne du tableau de DH dans la matrice générique de passage de DH, on obtient :

$$\mathbf{M}_{01} = \begin{pmatrix} 1 & 0 & 0 & 0 \\ 0 & 0 & 1 & 0 \\ 0 & -1 & 0 & q_1 \\ 0 & 0 & 0 & 1 \end{pmatrix} \tag{3.39}$$

$$\mathbf{M}_{12} = \begin{pmatrix} s_2 & 0 & c_2 & a_2 s_2 \\ -c_2 & 0 & s_2 & -a_2 c_2 \\ 0 & -1 & 0 & d_2 \\ 0 & 0 & 0 & 1 \end{pmatrix} \tag{3.40}$$

$$\mathbf{M}_{23} = \begin{pmatrix} c_3 & -s_3 & 0 & a_3 c_3 \\ s_3 & c_3 & 0 & a_3 s_3 \\ 0 & 0 & 1 & 0 \\ 0 & 0 & 0 & 1 \end{pmatrix} \tag{3.41}$$

$$\mathbf{M}_{34} = \begin{pmatrix} c_4 & -s_4 & 0 & a_4 c_4 \\ s_4 & c_4 & 0 & a_4 s_4 \\ 0 & 0 & 1 & 0 \\ 0 & 0 & 0 & 1 \end{pmatrix} \tag{3.42}$$

$$\mathbf{M}_{45} = \begin{pmatrix} c_5 & -s_5 & 0 & a_5 c_5 \\ s_5 & c_5 & 0 & a_5 s_5 \\ 0 & 0 & 1 & 0 \\ 0 & 0 & 0 & 1 \end{pmatrix} \tag{3.43}$$

avec $c_i = \cos q_i$ et $s_i = \sin q_i$.

3.3 Autres applications

Question 3

En annulant les q_i dans les matrices $\mathbf{M}_{i-1\,i}$ puis en multipliant ces matrices entre elles on obtient :

$$\mathbf{M}_{05}(\mathbf{0}) = \begin{pmatrix} 0 & 0 & 1 & 0 \\ 0 & -1 & 0 & d_2 \\ 1 & 0 & 0 & a_2+a_3+a_4+a_5 \\ 0 & 0 & 0 & 1 \end{pmatrix}$$

$$= \begin{pmatrix} 0 & 0 & 1 & 0 \\ 0 & -1 & 0 & 3{,}5 \\ 1 & 0 & 0 & 15{,}5 \\ 0 & 0 & 0 & 1 \end{pmatrix}$$

On vérifie que les coordonnées de x_5, y_5 et z_5 dans R_0 constituent les 3 colonnes de la sous-matrice de rotation de $\mathbf{M}_{05}(\mathbf{0})$ dans la configuration de la figure. De plus, on vérifie que P a pour coordonnées $[0\ 3{,}5\ 15{,}5]^T$ dans R_0 dans cette configuration.

Question 4

La configuration à atteindre est représentée dans la figure 3.18.

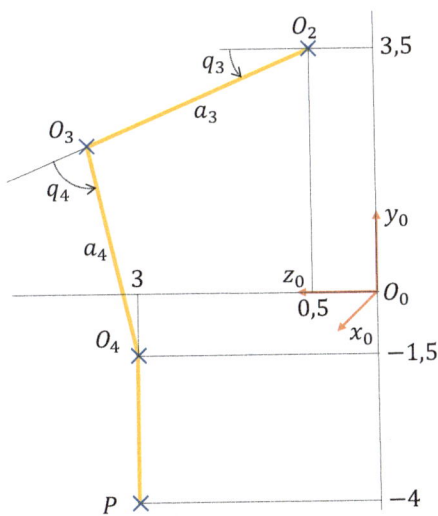

FIGURE 3.18 – Pelle mécanique : position à atteindre (représentation approximative qui ne respecte pas les échelles).

Comme on n'actionne pas les chenilles, on en déduit que $q_1 = 0$. Comme la coordonnée à atteindre est nulle suivant x_0 et positive suivant z_0, on en déduit que $q_2 = 0$. Le problème se traite donc dans le plan de la figure 3.18 et consiste principalement à trouver les angles q_3 et q_4. On sait que $q_4 > 0$, donc le coude du bras est bien orienté vers le haut tel indiqué sur la figure. Le segment O_4P est vertical (voir la matrice de rotation de $\mathbf{M}_{05}(\mathbf{q_b})$), donc $q_3 + q_4 + q_5 = \pi/2$. La connaissance de q_3 et q_4 entraine donc la connaissance de q_5.

D'après la figure, on a :

$$3,5 - a_3 \sin q_3 - a_4 \sin(q_3 + q_4) = -1,5 \qquad (3.44)$$
$$0,5 + a_3 \cos q_3 + a_4 \cos(q_3 + q_4) = 3 \qquad (3.45)$$

Ce qui est équivalent à :

$$a_3 \sin q_3 + a_4 \sin(q_3 + q_4) = 5$$
$$a_3 \cos q_3 + a_4 \cos(q_3 + q_4) = 2,5$$
$$(3.46)$$

En calculant la somme de ces deux équations au carré, on obtient :

$$a_4^2 + 2a_3 a_4 \cos q_4 + a_3^2 = 31,25 \qquad (3.47)$$

Ce qui conduit aux solutions $q_4 = \pm 131,8°$. Comme $q_4 > 0$, on en déduit $q_4 = 131,8°$. En injectant cette valeur dans les équations 3.46, on obtient un système de deux équations à deux inconnues $\cos q_3$ et $\sin q_3$:

$$4,167 \sin q_3 + 3,7268 \cos q_3 = 5 \qquad (3.48)$$
$$4,167 \cos q_3 - 3,7268 \sin q_3 = 2,5 \qquad (3.49)$$

On obtient :

$$\cos q_3 = 0,9296181275 \qquad (3.50)$$
$$\sin q_3 = 0,3685242697 \qquad (3.51)$$

On en déduit :

$$q_3 = \operatorname{atan2}(\sin q_3, \cos q_3) = 0,377 \,\text{rad} = 21,62° \qquad (3.52)$$

3.3 Autres applications

Et finalement :

$$q_5 = \frac{\pi}{2} - (q_3 + q_4) = -1,11\,\text{rad} = -63,43° \qquad (3.53)$$

R Le script Matlab/Maple permettant de réaliser ce calcul est le suivant :

```
clear all
syms q3 q4 a3 a4

% MGI
E1p = 5
E1s = a3*sin(q3) + a4*sin(q3+q4)
E2p = 2.5
E2s = a3*cos(q3) + a4*cos(q3+q4)

Ep=maple('combine',E1p^2+E2p^2,'trig')
Es=maple('combine',E1s^2+E2s^2,'trig')

q4 = solve(Ep-Es,q4)

% q4
a3 = 7.5;
a4 = 5;
eval(q4) * 180/pi
q4 = eval(q4);

% q3
E1s = expand(eval(E1s))
E2s = expand(eval(E2s))

syms s3 c3
E1s = subs(E1s, 'sin(q3)', s3)
E1s = subs(E1s, 'cos(q3)', c3)
E2s = subs(E2s, 'sin(q3)', s3)
E2s = subs(E2s, 'cos(q3)', c3)
[c3,s3] = solve(E1s-E1p,E2s-E2p)
c3 = eval(c3);
s3 = eval(s3);
q3 = atan2(s3,c3)
q3 * 180/pi

% q5
q5 = pi/2 - ( q3 + q4 )
q5 * 180/pi
```

Question 5

En injectant q_b dans les équations 3.39 à 3.43 on obtient :

$$\mathbf{M}_{01} = \begin{pmatrix} 1 & 0 & 0 & 0 \\ 0 & 0 & 1 & 0 \\ 0 & -1 & 0 & 0 \\ 0 & 0 & 0 & 1 \end{pmatrix} \tag{3.54}$$

$$\mathbf{M}_{12} = \begin{pmatrix} 0 & 0 & 1 & 0 \\ -1 & 0 & 0 & -0{,}5 \\ 0 & -1 & 0 & 3{,}5 \\ 0 & 0 & 0 & 1 \end{pmatrix} \tag{3.55}$$

$$\mathbf{M}_{23} = \begin{pmatrix} 0{,}9296 & -0{,}3685 & 0 & 6{,}9721 \\ 0{,}3685 & 0{,}9296 & 0 & 2{,}7639 \\ 0 & 0 & 1 & 0 \\ 0 & 0 & 0 & 1 \end{pmatrix} \tag{3.56}$$

$$\mathbf{M}_{34} = \begin{pmatrix} -0{,}6667 & -0{,}7454 & 0 & -3{,}3333 \\ 0{,}7454 & -0{,}6667 & 0 & 3{,}7268 \\ 0 & 0 & 1 & 0 \\ 0 & 0 & 0 & 1 \end{pmatrix} \tag{3.57}$$

$$\mathbf{M}_{45} = \begin{pmatrix} 0{,}4472 & 0{,}8944 & 0 & 1{,}1180 \\ -0{,}8944 & 0{,}4472 & 0 & -2{,}2361 \\ 0 & 0 & 1 & 0 \\ 0 & 0 & 0 & 1 \end{pmatrix} \tag{3.58}$$

En calculant numériquement le produit $\mathbf{M}_{01}\mathbf{M}_{12}\mathbf{M}_{23}\mathbf{M}_{34}\mathbf{M}_{45}$ on retrouve bien la matrice $\mathbf{M}_{05}(q_b)$ de l'énoncé.

La manipulabilité décroit lorsqu'on se rapproche des limites de l'espace de travail. Afin de l'augmenter, il faut donc diminuer la distance O_2O_4, donc avancer.

> (R) En pratique, cette manoeuvre risque d'être limitée par des collisions entre le bras et la base roulante de la machine. Celles-ci sont évitées par des butées articulaires restreignant les débattements angulaires des axes.

3.3 Autres applications

Question 6

Les deux premières lignes du Jacobien s'obtiennent en dérivant les coordonnées T_y et T_z de P suivant y_0 et z_0 par rapport aux variables articulaires q_3, q_4 et q_5 :

$$T_y = -a_5 \sin(q_3+q_4+q_5) - a_4 \sin(q_3+q_4) - a_3 \sin(q_3) + d_2$$
$$T_z = a_5 \cos(q_3+q_4+q_5) + a_4 \cos(q_3+q_4) + a_3 \cos(q_3) + a_2$$

La dernière ligne du Jacobien est constituée uniquement de 1. En effet, dans la configuration de la figure 3.18, les axes 3, 4 et 5 contribuent de manière identique à la rotation de l'organe terminale autour de x_0 (principe de composition des vitesses de rotation). On en déduit :

$$\mathbf{J} = \begin{pmatrix} -a_5 c_{345} - a_4 c_{34} - a_3 c_3 & -a_5 c_{345} - a_4 c_{34} & -a_5 c_{345} \\ -a_5 s_{345} - a_4 s_{34} - a_3 s_3 & -a_5 s_{345} - a_4 s_{34} & -a_5 s_{345} \\ 1 & 1 & 1 \end{pmatrix}$$

avec $c_{ijk} = \cos(q_i + q_j + q_k)$ et $s_{ijk} = \sin(q_i + q_j + q_k)$.

Question 7

On calcule $\mathbf{J}$ pour $q_{1\cdots 5} = 0$:

$$\mathbf{J(0)} = \begin{pmatrix} -a_5 - a_4 - a_3 & -a_5 - a_4 & -a_5 \\ 0 & 0 & 0 \\ 1 & 1 & 1 \end{pmatrix} \quad (3.59)$$

Cette matrice est singulière (une ligne de 0), son rang est 2. En effet, dans cette configuration, le bras est tendu et P est à la limite de l'espace de travail. Il est donc normal que le Jacobien soit singulier. Les valeurs obtenues sont cohérentes avec la figure 3.17. En effet, dans cette configuration, les vitesses de rotation des axes 3, 4 et 5 ne génèrent aucune contribution sur la vitesse de translation le long de z_0. Quant à la contribution sur la vitesse de translation le long de y_0, un simple raisonnement géométrique permet de valider les coefficients de la première ligne.

Question 8

On a :

$$\mathbf{J(q_b)} = \begin{pmatrix} -2{,}5 & 4{,}4721 & 0 \\ -7{,}5 & -4{,}7361 & -2{,}5 \\ 1 & 1 & 1 \end{pmatrix} \quad (3.60)$$

Soit Γ le vecteur des couples des moteurs 3, 4 et 5 (ces couples sont générés par des vérins hydrauliques). On a donc en régime quasi statique :

$$\Gamma = \mathbf{J}^T(\mathbf{q_b}) \begin{pmatrix} -10\,000 \\ 0 \\ 0 \end{pmatrix} = \begin{pmatrix} 25\,000 \\ -44\,721 \\ 0 \end{pmatrix} \qquad (3.61)$$

3.3 Autres applications

3.3.2 Robot coaster

Exercice 3.8 ★ ★ ★ ★ ★

Le robot KUKA KR 1000 titan PA compte parmi les robots industriels les plus grands au monde (voir figure 3.19). Il est de type 6 axes anthropomorphe (voir figure 3.20). On se propose dans ce problème d'évaluer ses performances pour une application de «robot coaster».

1. En se référant aux données techniques du constructeur, tracer le schéma cinématique simplifié du robot en faisant apparaitre les articulations et les grandeurs géométriques fondamentales.
2. Placer sur ce schéma les repères 0 à 6 en respectant la convention de DH. Le robot est représenté sur la figure dans la configuration où les variables articulaires sont nulles. Les flèches indiquent le sens positif de rotation des axes. Il est impératif de respecter le sens positif de rotation lors de la modélisation de DH. Par ailleurs, on placera les axes z_3, x_0, x_1, x_5, x_6 vers la droite et les axes x_2, x_3 et x_4 vers le haut.
3. On utilisera les grandeurs géométriques suivantes de la figure : 0,6 ; 1,1 ; 1,4 ; F ; 0,372. On notera $q_1 \ldots q_6$ les variables articulaires. Compléter le tableau de DH de ce robot. Indications : $a_1 = 0,6$, $\alpha_1 = \frac{\pi}{2}$, $d_1 = -1,1$, $\theta_1 = q_1$, $\theta_2 = q_2 - \frac{\pi}{2}$.
4. Calculer $\mathbf{M}_{01}, \mathbf{M}_{12}, \mathbf{M}_{23}, \mathbf{M}_{34}, \mathbf{M}_{45}$ et $\mathbf{M}_{56}$ les matrices de homogènes entre les repères R_0, R_1, R_2, R_3, R_4, R_5 et R_6 en fonction des variables articulaires à partir de l'expression générale de DH.
5. A partir des expressions précédentes, calculer $\mathbf{M}_{01}, \mathbf{M}_{12}, \mathbf{M}_{23}, \mathbf{M}_{34}, \mathbf{M}_{45}$ et $\mathbf{M}_{56}$ dans le cas particulier où les variables articulaires sont nulles. En déduire $\mathbf{M}_{06}$ dans la position nulle. Vérifier ce résultat.
6. A partir des expressions précédentes, calculer $\mathbf{M}_{01}, \mathbf{M}_{12}, \mathbf{M}_{23}, \mathbf{M}_{34}, \mathbf{M}_{45}$ et $\mathbf{M}_{56}$ dans le cas particulier où les variables articulaires sont toutes nulles sauf $q_2 = \frac{\pi}{2}$, $q_3 = -\frac{\pi}{2}$ et $q_5 = -\pi$. En déduire $\mathbf{M}_{06}$ dans cette position. Vérifier ce résultat.

7. Pour charger les passagers, on veut amener le robot dans une configuration telle que :
$$\mathbf{M}_{06} = \begin{bmatrix} -1 & 0 & 0 & 3.5 \\ 0 & 1 & 0 & 0 \\ 0 & 0 & -1 & -1.1 \\ 0 & 0 & 0 & 1 \end{bmatrix} \quad (3.62)$$
Représenter le repère R_6 par rapport à R_0 dans cette configuration. Indiquer sur le schéma les positions des points O_1, O_6 et C le centre de la rotule ainsi que toutes les distances importantes.

8. Dans la configuration trouvée à la question précédente, si on considère que le passager a son centre de gravité en O_6, donner l'accélération ressentie par celui-ci due à la force centrifuge lorsque l'axe 1 tourne à sa vitesse maximale (tous les autres étant statiques).

9. Toujours dans la même configuration, lorsque le robot est statique, donner la valeur du couple exercé par le moteur de l'axe 2 lorsqu'un passager de 100 kg monte sur le robot. On considèrera que les axes du robot ont une compensation de gravité.

Paramètres	KR 1000 1300 titan PA	KR 1000 L950 titan PA
Attaignabilité	3202 mm	3601 mm
Charge utile	1300 kg	950 kg
Nombre d'axes	6	
Répétabilité	0,2 mm	
Vitesse max. axe 1	58 °/s	
Vitesse max. axe 2	50 °/s	
Vitesse max. axe 3	50 °/s	
Vitesse max. axe 4	60 °/s	
Vitesse max. axe 5	60 °/s	
Vitesse max. axe 6	72 °/s	

FIGURE 3.19 – Spécifications du KR1000.

3.3 Autres applications

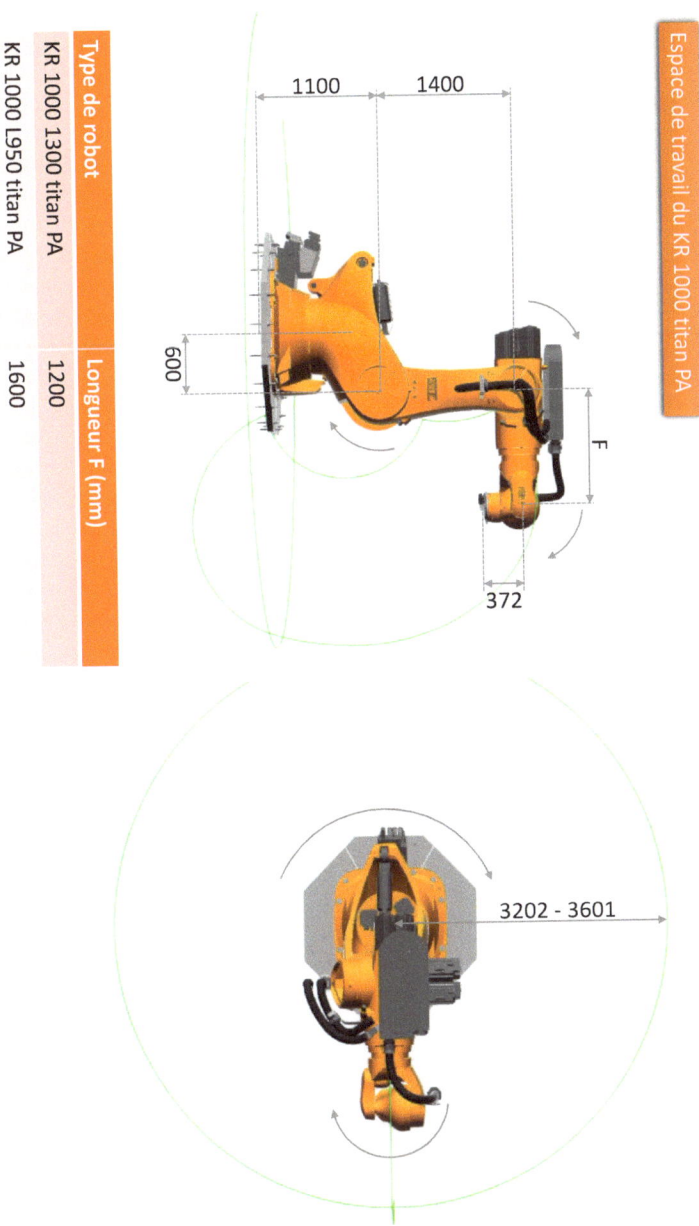

Type de robot	Longueur F (mm)
KR 1000 1300 titan PA	1200
KR 1000 L950 titan PA	1600

FIGURE 3.20 – Espace de travail du KR1000.

Questions 1 à 3

Les repères sont placés conformément à la figure 3.21.

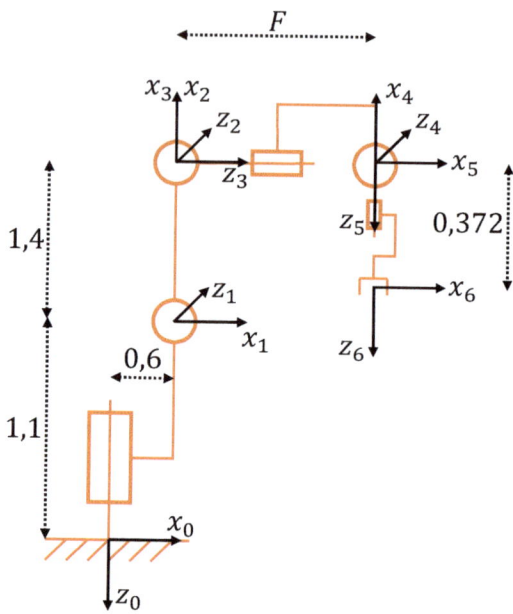

FIGURE 3.21 – KR1000 : placement des repères (la figure n'est pas à l'échelle et les longueurs sont données en mètres).

Le tableau de DH correspondant est le suivant :

Axe	a_i	α_i	d_i	θ_i
1	$a_1 = 0{,}6$	$\pi/2$	$d_1 = -1{,}1$	q_1
2	$a_2 = 1{,}4$	0	0	$q_2 - \pi/2$
3	0	$-\pi/2$	0	q_3
4	0	$\pi/2$	$d_4 = F$	q_4
5	0	$-\pi/2$	0	$q_5 + \pi/2$
6	0	0	$d_6 = 0{,}372$	q_6

TABLE 3.7 – Tableau de DH du KR1000.

3.3 Autres applications

Question 4

On déduit les matrices de passage entre chaque corps à l'aide le l'expression générale de DH :

$$\mathbf{M}_{01} = \begin{pmatrix} c_1 & 0 & s_1 & 0{,}6c_1 \\ s_1 & 0 & -c_1 & 0{,}6s_1 \\ 0 & 1 & 0 & -1{,}1 \\ 0 & 0 & 0 & 1 \end{pmatrix} \quad (3.63)$$

$$\mathbf{M}_{12} = \begin{pmatrix} s_2 & c_2 & 0 & 1{,}4s_2 \\ -c_2 & s_2 & 0 & -1{,}4c_2 \\ 0 & 0 & 1 & 0 \\ 0 & 0 & 0 & 1 \end{pmatrix} \quad (3.64)$$

$$\mathbf{M}_{23} = \begin{pmatrix} c_3 & 0 & -s3 & 0 \\ s_3 & 0 & c_3 & 0 \\ 0 & -1 & 0 & 0 \\ 0 & 0 & 0 & 1 \end{pmatrix} \quad (3.65)$$

$$\mathbf{M}_{34} = \begin{pmatrix} c_4 & 0 & s_4 & 0 \\ s_4 & 0 & -c_4 & 0 \\ 0 & 1 & 0 & F \\ 0 & 0 & 0 & 1 \end{pmatrix} \quad (3.66)$$

$$\mathbf{M}_{45} = \begin{pmatrix} -s_5 & 0 & -c_5 & 0 \\ c_5 & 0 & -s_5 & 0 \\ 0 & -1 & 0 & 0 \\ 0 & 0 & 0 & 1 \end{pmatrix} \quad (3.67)$$

$$\mathbf{M}_{56} = \begin{pmatrix} c_6 & -s_6 & 0 & 0 \\ s_6 & c_6 & 0 & 0 \\ 0 & 0 & 1 & 0{,}372 \\ 0 & 0 & 0 & 1 \end{pmatrix} \quad (3.68)$$

avec $c_i = \cos q_i$ et $s_i = \sin q_i$.

Question 5

On trouve aisément en multipliant les matrices de la question précédente entre elles dans le cas particulier où toutes les variables articulaires sont nulles :

$$\mathbf{M}_{06}(\mathbf{0}) = \begin{pmatrix} 1 & 0 & 0 & F+0{,}6 \\ 0 & 1 & 0 & 0 \\ 0 & 0 & 1 & -2{,}128 \\ 0 & 0 & 0 & 1 \end{pmatrix} \tag{3.69}$$

Comme les axes de R_6 sont orientés de la même manière que ceux de R_0, il est normal que la sous-matrice de rotation de $\mathbf{M}_{06}(\mathbf{0})$ soit une matrice identité. De plus, on vérifie sur la figure 3.21 que les coordonnées de O_6 dans le repère R_0 sont bien $[F+0{,}6 \ \ 0 \ \ -2{,}128]^T$.

Question 6

On procède de la même manière que pour la question précédente :

$$\mathbf{M}_{06}(0, \frac{\pi}{2}, -\frac{\pi}{2}, 0, -\pi, 0) = \begin{pmatrix} -1 & 0 & 0 & F+2 \\ 0 & 1 & 0 & 0 \\ 0 & 0 & -1 & -1{,}472 \\ 0 & 0 & 0 & 1 \end{pmatrix}$$

Cette configuration correspond au bras horizontal avec la pince pointant vers le haut. Dans ce cas, on vérifie que les coordonnées de x_6, y_6 et z_6 dans R_0 constituent bien les 3 colonnes de la sous-matrice de rotation de $\mathbf{M}_{06}$. Comme précédemment, on vérifie que dans ce cas les coordonnées de O_6 dans le repère R_0 sont bien $[F+2 \ \ 0 \ \ -1{,}472]^T$.

Question 7

La position particulière décrite dans cette question est représentée figure 3.22.

3.3 Autres applications

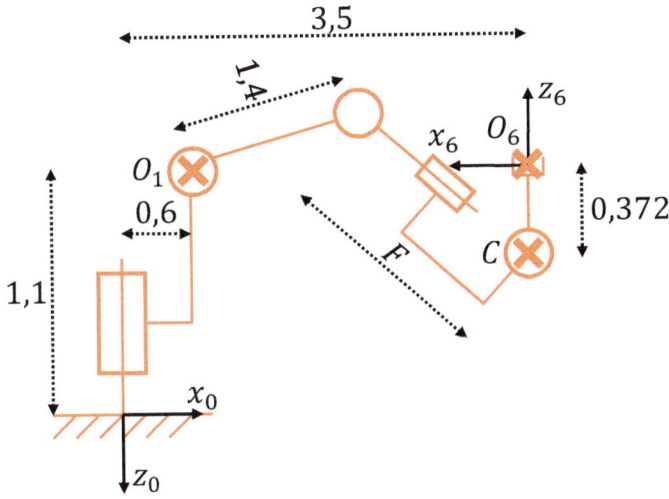

FIGURE 3.22 – KR1000 : chargement des passagers (la figure n'est pas à l'échelle et les longueurs sont données en mètres).

En utilisant cette figure, on déduit les coordonnées des points O_1, O_6 et C dans le repère R_0 :

$$^0O_1 = \begin{pmatrix} 0,6 \\ 0 \\ -1,1 \end{pmatrix} \quad (3.70)$$

$$^0O_6 = \begin{pmatrix} 3,5 \\ 0 \\ -1,1 \end{pmatrix} \quad (3.71)$$

$$^0C = \begin{pmatrix} 3,5 \\ 0 \\ -0,728 \end{pmatrix} \quad (3.72)$$

Le problème de modèle géométrique inverse est plan, ce qui implique les solutions évidentes $q_1 = 0$ et $q_4 = 0$. De plus, étant donnée l'orientation du repère R_6, on observe que l'axe 6 est dans sa configuration nulle, donc $q_6 = 0$.

> **R** La solution $q_1 = \pi$ n'est pas envisagée à cause du déport de 0,6 m. En effet, afin de maximiser la manipulabilité,

celui-ci doit toujours être orienté du côté de la tâche à réaliser.

Pour que le point O_6 puisse atteindre sa position, il faut que $1,4 + F > 2,9$. On en déduit que seul $F = 1,6$ convient ce qui correspond à la référence *KR1000 L950 titan PA*.

D'après la figure 3.22, on a :

$$0,6 + 1,4\sin q_2 + F\sin(q_2 + q_3 + \pi/2) = 3,5$$
$$-1,1 - 1,4\cos q_2 - F\cos(q_2 + q_3 + \pi/2) = -0,728$$

Ce qui est équivalent à :

$$1,4\sin q_2 + F\sin(q_2 + q_3 + \pi/2) = 2,9$$
$$1,4\cos q_2 + F\cos(q_2 + q_3 + \pi/2) = -0,372$$
(3.73)

En calculant la somme de ces deux équations au carré, on obtient :

$$1,96 - 2,8F\sin(q_3) + F^2 = 8,54838 \qquad (3.74)$$

Ce qui conduit aux solutions $q_3 = -64,1°$ et $q_3 = -115,9°$. On choisit $q_3 = -64,1°$ qui correspond à la configuration coude vers le haut de la figure. En injectant cette valeur dans les équations 3.73, on obtient un système de deux équations à deux inconnues $\cos q_2$ et $\sin q_2$:

$$2,838708572\sin q_2 + 0,7000840277\cos q_2 = 2,9$$
$$2,838708572\cos q_2 - 0,7000840277\sin q_2 = -0,372$$

On obtient :

$$\cos q_2 = 0,1139682180 \qquad (3.75)$$
$$\sin q_2 = 0,9934843959 \qquad (3.76)$$

On en déduit :

$$q_2 = \mathrm{atan2}(\sin q_2, \cos q_2) = 1,4566\,\mathrm{rad} = 83,4559° \quad (3.77)$$

Et finalement :

$$q_5 = -\pi - q_2 - q_3 = -3,4803\,\mathrm{rad} = -199,4037° \quad (3.78)$$

3.3 Autres applications

Question 8

La force centrifuge est définie par $m\omega^2 R$ avec ici $m = 100\,\text{kg}$, $R = 3,5\,\text{m}$ et $\omega = 58\frac{\pi}{180} = 1,0123\,\text{rad}\,\text{s}^{-1}$ (voir figure 3.19). On en déduit que la force vaut $358\,\text{N}$, ce qui correspond à une accélération de $0,36\,g$.

Question 9

Un simple raisonnement géométrique dans le plan de la figure 3.22 permet de trouver le couple Γ_2 sur l'axe 2 : $\Gamma_2 = -2,9 \times 100g = -2900\,\text{N}\,\text{m}$.

> **R** Le signe «-» vient du fait qu'il faut exercer un couple dans le sens trigonométrique pour compenser l'effet du poids des passagers sur l'organe terminal. Or, d'après la règle du tire-bouchon, le sens de rotation trigonométrique conduit à un déplacement opposé au sens de z_1.

3.3.3 Robot « big dog »

Exercice 3.9 ★ ★ ★ ☆ ☆

Soit le robot « big dog » de la société Boston Dynamics de la figure 3.23. Le modèle d'une des pattes avant de ce robot est donné dans la figure 3.24. Ce robot 4R est représenté dans la position où ses coordonnées articulaires q_1, q_2, q_3 et q_4 sont nulles.

1. Placer les axes manquants sur la figure sachant que les axes x sont soit vers le haut, soit vers la droite.
2. Compléter le tableau de DH de ce robot dans la figure 3.25.
3. Donner l'expression des matrices $\mathbf{M}_{01}$ $\mathbf{M}_{12}$ $\mathbf{M}_{23}$ et $\mathbf{M}_{34}$.
4. Dans la suite on considère que le robot évolue dans le plan de la figure 3.24, c'est-à-dire que $q_1 = 0$. Dans ce cas particulier, calculer la matrice homogène $\mathbf{M}_{04}$.
5. Vérifier le modèle géométrique de la question précédente pour toutes les coordonnées articulaires nulles. Même question pour $q_1 = 0$, $q_2 = -\pi/4$, $q_3 = \pi/4$, $q_4 = -\pi/4$ (position N).
6. Déterminer le Jacobien $\mathbf{J}$ de ce robot tel que :

$$\begin{pmatrix} ^0 v_x \\ ^0 v_z \end{pmatrix} = \mathbf{J} \begin{pmatrix} \dot{q}_2 \\ \dot{q}_3 \\ \dot{q}_4 \end{pmatrix}$$

avec ^0v_x et ^0v_z les coordonnées de la vitesse de O_4 dans le repère de base.

7. Le robot « big dog » pèse environ 250 kg en charge. Pour une position nominale statique où les pattes avant sont dans la position N, on peut considérer que la charge se répartit équitablement sur les 4 pattes. Dans ce cas, à l'aide de la question précédente, calculer les couples dans les moteurs 2, 3 et 4 sachant que $l = 0{,}3\,\mathrm{m}$. Discuter la solution obtenue. Argumenter en réalisant éventuellement des croquis.

3.3 Autres applications

FIGURE 3.23 – Photo du robot «Big dog» (photo du domaine public extraite de la page Wikipedia de «Big dog»).

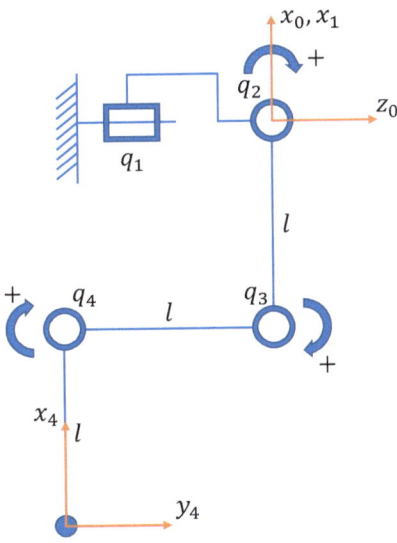

FIGURE 3.24 – Modèle d'une patte avant du robot «big dog».

Axes	α	a	d	θ
1	π/2			
2		-l		
3				$q_3 + \pi/2$
4				

FIGURE 3.25 – Tableau de DH d'une patte du robot «big dog».

Question 1

Les repères sont placés en respectant la convention de DH, le sens positif de rotation des axes (règle du tire-bouchon) et les indications du sujet :

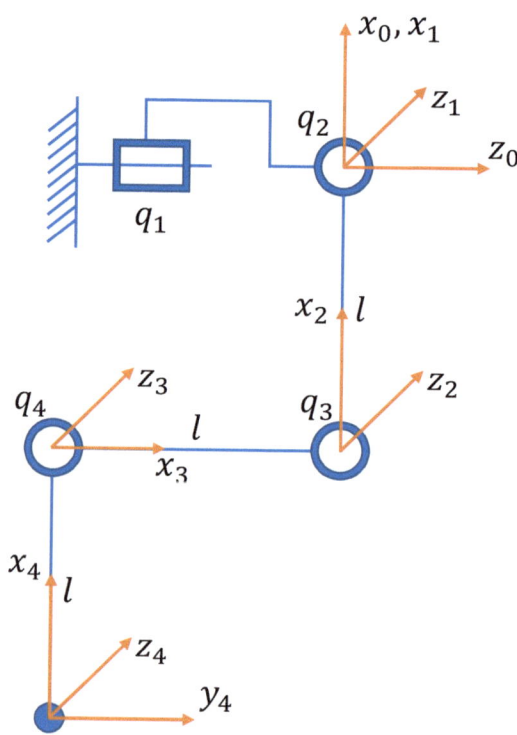

FIGURE 3.26 – Tableau de DH d'une patte du robot «big dog».

3.3 Autres applications

Question 2

Avec les repères de la figure 3.26, le tableau de DH est le suivant :

Axe	a_i	α_i	d_i	θ_i
1	0	$\pi/2$	0	q_1
2	$-l$	0	0	q_2
3	$-l$	0	0	$q_3 + \pi/2$
4	$-l$	0	0	$q_4 - \pi/2$

TABLE 3.8 – Tableau de DH d'une patte du robot «big dog».

Question 3

En substituant dans l'expression générale de la matrice de passage de DH successivement les termes de chacune des lignes du tableau de DH, on obtient :

$$\mathbf{M}_{01} = \begin{pmatrix} c_1 & 0 & s_1 & 0 \\ s_1 & 0 & -c_1 & 0 \\ 0 & 1 & 0 & 0 \\ 0 & 0 & 0 & 1 \end{pmatrix} \quad (3.79)$$

$$\mathbf{M}_{12} = \begin{pmatrix} c_2 & -s_2 & 0 & -c_2 l \\ s_2 & c_2 & 0 & -s_2 l \\ 0 & 0 & 1 & 0 \\ 0 & 0 & 0 & 1 \end{pmatrix} \quad (3.80)$$

$$\mathbf{M}_{23} = \begin{pmatrix} -s_3 & -c_3 & 0 & s_3 l \\ c_3 & -s_3 & 0 & -c_3 l \\ 0 & 0 & 1 & 0 \\ 0 & 0 & 0 & 1 \end{pmatrix} \quad (3.81)$$

$$\mathbf{M}_{34} = \begin{pmatrix} s_4 & c_4 & 0 & -s_4 l \\ c_4 & s_4 & 0 & c_4 l \\ 0 & 0 & 1 & 0 \\ 0 & 0 & 0 & 1 \end{pmatrix} \quad (3.82)$$

avec $s_i = \sin(q_i)$ et $c_i = \cos(q_i)$.

Question 4

On obtient :

$$\mathbf{M}_{04}(q_1=0) = \begin{pmatrix} c_{234} & -s_{234} & 0 & l(-c_{234}+s_{23}-c_2) \\ 0 & 0 & -1 & 0 \\ s_{234} & c_{234} & 0 & l(-s_{234}-c_{23}-s_2) \\ 0 & 0 & 0 & 1 \end{pmatrix}$$
(3.83)

avec $c_{234} = \cos(q_2+q_3+q_4)$, $s_{234} = \sin(q_2+q_3+q_4)$, $c_{23} = \cos(q_2+q_3)$ et $s_{23} = \sin(q_2+q_3)$.

Question 5

On a :

$$\mathbf{M}_{04}(\mathbf{0}) = \begin{pmatrix} 1 & 0 & 0 & -2l \\ 0 & 0 & -1 & 0 \\ 0 & 1 & 0 & -l \\ 0 & 0 & 0 & 1 \end{pmatrix}$$
(3.84)

Cette matrice correspond à la configuration de la figure 3.26. On vérifie sur cette figure que x_4, y_4 et z_4 ont pour coordonnées dans R_0 les colonnes de la sous-matrice de rotation de $\mathbf{M}_{04}(\mathbf{0})$. On vérifie également que les coordonnées de O_4 dans R_0 constituent le vecteur de translation de cette matrice homogène.

On a :

$$\mathbf{M}_{04}(N) = \begin{pmatrix} \frac{\sqrt{2}}{2} & \frac{\sqrt{2}}{2} & 0 & -l\sqrt{2} \\ 0 & 0 & -1 & 0 \\ -\frac{\sqrt{2}}{2} & \frac{\sqrt{2}}{2} & 0 & l(\sqrt{2}-1) \\ 0 & 0 & 0 & 1 \end{pmatrix}$$
(3.85)

Cette matrice homogène correspond à la position de la figure 3.27.

3.3 Autres applications

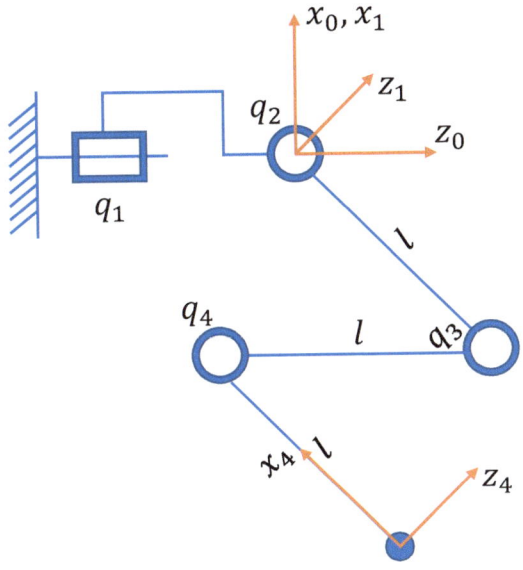

FIGURE 3.27 – Patte du robot «big dog» dans la position N.

On procède aux mêmes vérifications que précédemment sur cette figure.

Question 6

En dérivant par rapport au temps les termes de translation suivant x_0 et z_0 de $\mathbf{M}_{04}$, on obtient :

$$\mathbf{J} = l \begin{pmatrix} s_2 + c_{23} + s_{234} & c_{23} + s_{234} & s_{234} \\ -c_2 + s_{23} - c_{234} & s_{23} - c_{234} & -c_{234} \end{pmatrix} \quad (3.86)$$

Question 7

Soit $\Gamma = [\gamma_2 \ \gamma_3 \ \gamma_4]^T$ le vecteur des couples des actionneurs 2, 3 et 4. En quasi statique, on a :

$$\Gamma = \mathbf{J}^T(N) \begin{pmatrix} -625 \\ 0 \end{pmatrix} = 0{,}3 \begin{pmatrix} 625(\sqrt{2}-1) \\ 625(\frac{\sqrt{2}}{2}-1) \\ 625\frac{\sqrt{2}}{2} \end{pmatrix} \quad (3.87)$$

Le terme -625 est la valeur suivant x_0 de la force que doit exercer une patte sur le sol pour compenser un quart du poids du robot. On note que $\gamma_2 > 0$, $\gamma_3 < 0$ et $\gamma_4 > 0$ ce qui est cohérent avec le sens positif des couples définis par z_1, z_2 et z_3.

3.3 Autres applications

3.3.4 Grue de chantier

Exercice 3.10 ★ ★ ★ ☆ ☆

Soit la grue de chantier modélisée par la figure 3.28. Ce robot RTT est représenté dans la position où sa coordonnée articulaire q_1 est nulle. Les coordonnées articulaires q_2 et q_3 sont nulles respectivement lorsque le câble de la grue est colinéaire avec z_0 et que le point d'attache O_3 est au niveau de la flèche (sa hauteur maximale). On considérera dans la suite que le câble de la grue est rigide. On négligera donc le balancement de la charge.

1. Placer les axes manquants sur la figure sachant que les axes x sont soit vers l'arrière, soit vers la droite. Respecter le sens positif des coordonnées articulaires.
2. Compléter le tableau de DH de ce robot donné dans la figure 3.29.
3. Donner l'expression des matrices $\mathbf{M}_{01}$, $\mathbf{M}_{12}$ et $\mathbf{M}_{23}$.
4. En déduite la matrice $\mathbf{M}_{03}$.
5. Vérifier le modèle géométrique de la question précédente pour toutes les coordonnées articulaires nulles. Même question pour $q_1 = \pi/2$, $q_2 = -C$, $q_3 = H$.
6. Déterminer le Jacobien $\mathbf{J}$ de ce robot tel que :

$$\begin{pmatrix} ^0v_x \\ ^0v_y \\ ^0v_z \end{pmatrix} = \mathbf{J} \begin{pmatrix} \dot{q}_1 \\ \dot{q}_2 \\ \dot{q}_3 \end{pmatrix}$$

7. Dans la position $q_1 = 0°$, $q_2 = 20\,\text{m}$, déterminer les vitesses articulaires pour réaliser $v_x = 0$ $v_y = 1\,\text{m}\,\text{s}^{-1}$ et $v_z = 0$ sachant que $C = 1\,\text{m}$. Discuter la vraisemblance des résultats obtenus. Même question avec $q_1 = 45°$, $q_2 = 20\,\text{m}$.
8. La grue porte une charge de 1 t. Quels sont les efforts statiques sur les actionneurs. Trouver ce résultat avec la formule utilisant le Jacobien.

138 Chapitre 3. Problèmes réels

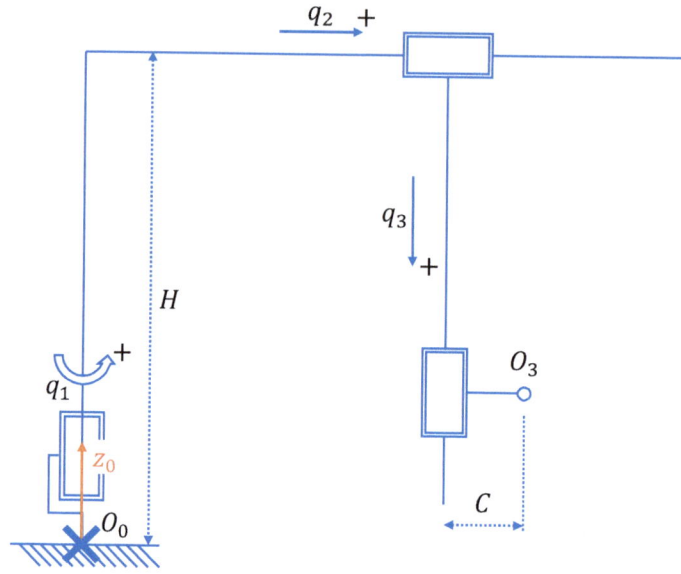

FIGURE 3.28 – Modèle d'une grue de chantier.

Axes	α	a	d	θ
1	π/2			$q_1 + \pi/2$
2		0		
3				

FIGURE 3.29 – Tableau de DH d'une grue de chantier.

Question 1

Les repères de DH sont placés conformément à l'énoncé, en respectant le sens positif des axes et les contraintes de DH :

3.3 Autres applications

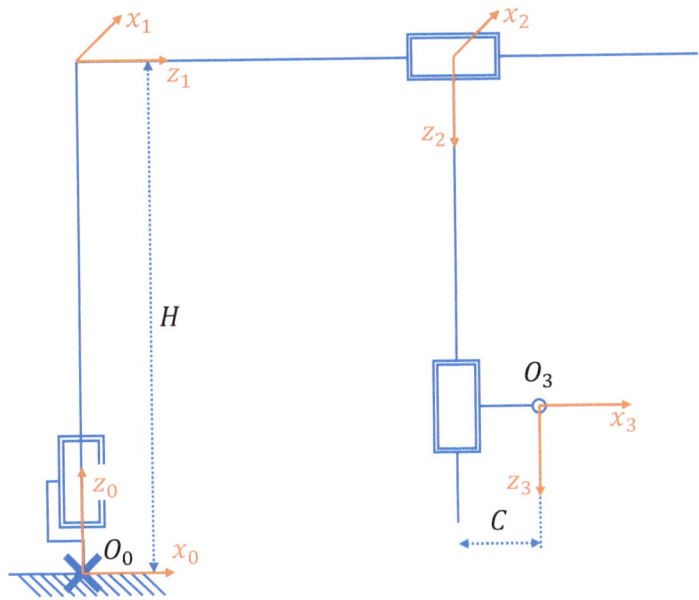

FIGURE 3.30 – Repères de DH d'une grue de chantier.

Question 2

Les choix de repères de la figure 3.30 conduisent au tableau de DH suivant :

Axe	a_i	α_i	d_i	θ_i
1	0	$\pi/2$	H	$q_1 + \pi/2$
2	0	$\pi/2$	q_2	0
3	C	0	q_3	$\pi/2$

TABLE 3.9 – Tableau de DH d'une grue de chantier.

Question 3

En substituant dans l'expression générale de la matrice de passage de DH successivement les termes de chacune des lignes du tableau de DH, on obtient :

$$\mathbf{M}_{01} = \begin{pmatrix} -s_1 & 0 & c_1 & 0 \\ c_1 & 0 & s_1 & 0 \\ 0 & 1 & 0 & H \\ 0 & 0 & 0 & 1 \end{pmatrix} \quad (3.88)$$

$$\mathbf{M}_{12} = \begin{pmatrix} 1 & 0 & 0 & 0 \\ 0 & 0 & -1 & 0 \\ 0 & 1 & 0 & q_2 \\ 0 & 0 & 0 & 1 \end{pmatrix} \quad (3.89)$$

$$\mathbf{M}_{23} = \begin{pmatrix} 0 & -1 & 0 & 0 \\ 1 & 0 & 0 & C \\ 0 & 0 & 1 & q_3 \\ 0 & 0 & 0 & 1 \end{pmatrix} \quad (3.90)$$

avec $s_i = \sin(q_i)$ et $c_i = \cos(q_i)$.

Question 4

On a :

$$\mathbf{M}_{03} = \mathbf{M}_{01}\mathbf{M}_{12}\mathbf{M}_{23} = \begin{pmatrix} c_1 & s_1 & 0 & (C+q_2)c_1 \\ s_1 & -c_1 & 0 & (C+q_2)s_1 \\ 0 & 0 & -1 & H-q_3 \\ 0 & 0 & 0 & 1 \end{pmatrix} \quad (3.91)$$

Question 5

On trouve :

$$\mathbf{M}_{03}(\mathbf{0}) = \begin{pmatrix} 1 & 0 & 0 & C \\ 0 & -1 & 0 & 0 \\ 0 & 0 & -1 & H \\ 0 & 0 & 0 & 1 \end{pmatrix} \quad (3.92)$$

et

$$\mathbf{M}_{03}(\pi/2, -C, H) = \begin{pmatrix} 0 & 1 & 0 & 0 \\ 1 & 0 & 0 & 0 \\ 0 & 0 & -1 & 0 \\ 0 & 0 & 0 & 1 \end{pmatrix} \quad (3.93)$$

Dans les deux cas, on fait les vérifications suivantes :

3.3 Autres applications

- Les vecteurs colonne de la sous-matrice de rotation de $\mathbf{M}_{03}$ donnent les coordonnées de x_3, y_3 et z_3 dans le repère R_0.
- Le vecteur de translation de $\mathbf{M}_{03}$ donne les coordonnées de O_3 dans R_0.

(R) La seconde configuration correspond à une position où O_3 est en O_0. Il est donc normal que la translation soit nulle.

Question 6

Soient les coordonnées $[T_x\ T_y\ T_z]^T$ de O_3 dans R_0 données par le vecteur de translation de $\mathbf{M}_{03}$:

$$T_x = (C+q_2)c_1 \tag{3.94}$$
$$T_y = (C+q_2)s_1 \tag{3.95}$$
$$T_z = H - q_3 \tag{3.96}$$

En dérivant ce vecteur par rapport au temps, on obtient :

$$^0v_x = -(C+q_2)s_1\dot{q}_1 + c_1\dot{q}_2 \tag{3.97}$$
$$^0v_y = (C+q_2)c_1\dot{q}_1 + s_1\dot{q}_2 \tag{3.98}$$
$$^0v_z = -\dot{q}_3 \tag{3.99}$$

On en déduit :

$$\mathbf{J} = \begin{pmatrix} -(C+q_2)s_1 & c_1 & 0 \\ (C+q_2)c_1 & s_1 & 0 \\ 0 & 0 & -1 \end{pmatrix} \tag{3.100}$$

Question 7

On a :

$$\begin{pmatrix} \dot{q}_1 \\ \dot{q}_2 \\ \dot{q}_3 \end{pmatrix} = \mathbf{J}^{-1} \begin{pmatrix} ^0v_x \\ ^0v_y \\ ^0v_z \end{pmatrix}$$

Dans la position $q_1 = 0$, $q_2 = 20\,\text{m}$, on a :

$$\mathbf{J}^{-1} = \begin{pmatrix} 0 & 0{,}0476 & 0 \\ 1 & 0 & 0 \\ 0 & 0 & -1 \end{pmatrix} \tag{3.101}$$

D'où :
$$\begin{pmatrix} \dot{q}_1 \\ \dot{q}_2 \\ \dot{q}_3 \end{pmatrix} = \begin{pmatrix} 0{,}0476\,\mathrm{rad\,s^{-1}} \\ 0 \\ 0 \end{pmatrix} \qquad (3.102)$$

Pour réaliser une vitesse suivant y_0 positive, dans cette position il faut effectivement que la grue tourne avec une vitesse positive.

Dans la position $q_1 = 45°$, $q_2 = 20\,\mathrm{m}$, on a :

$$\mathbf{J}^{-1} = \begin{pmatrix} -0{,}0337 & 0{,}0337 & 0 \\ 0{,}7071 & 0{,}7071 & 0 \\ 0 & 0 & -1 \end{pmatrix} \qquad (3.103)$$

D'où :
$$\begin{pmatrix} \dot{q}_1 \\ \dot{q}_2 \\ \dot{q}_3 \end{pmatrix} = \begin{pmatrix} 0{,}0337\,\mathrm{rad\,s^{-1}} \\ 0{,}7071\,\mathrm{m\,s^{-1}} \\ 0 \end{pmatrix} \qquad (3.104)$$

Dans la configuration où la flèche est tournée de 45°, pour réaliser une vitesse de translation de $1\,\mathrm{m\,s^{-1}}$ suivant y_0 (perpendiculaire au plan de la figure 3.30, vers le fond), il faut non seulement tourner la flèche avec une vitesse positive, mais aussi déplacer le chariot avec une vitesse positive.

Question 8

La force extérieure exercée par le crochet de la grue pour supporter la charge a pour coordonnées $[0\ 0\ 10000\,\mathrm{N}]^T$ dans R_0. On en déduit le vecteur Γ des efforts articulaires en régime quasi statique :

$$\Gamma = \mathbf{J}^T \begin{pmatrix} 0 \\ 0 \\ 10000 \end{pmatrix} = \begin{pmatrix} 0\,\mathrm{N\,m} \\ 0\,\mathrm{N} \\ -10000\,\mathrm{N} \end{pmatrix} \qquad (3.105)$$

(R) L'effort articulaire de l'axe 3 est la force exercée par le câble, comptée positivement suivant z_3. Or un câble ne peut pas travailler en compression, donc cet effort est toujours négatif. C'est cohérent avec la valeur $-10000\,\mathrm{N}$ obtenue.

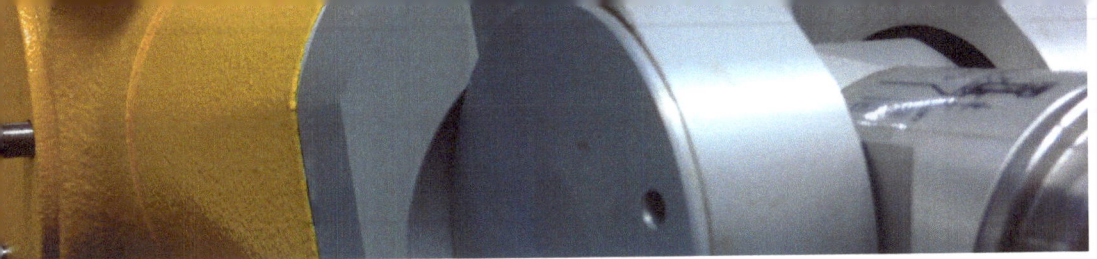

Bibliographie

[AS86] H. ASADA et J.-J. SLOTINE. *Robot Analysis and Control*. John Wiley & Sons Ltd, 11 avr. 1986. 280 pages. ISBN : 978-0471830290.

[Cra04] J. J. CRAIG. *Introduction to Robotics : Mechanics and Control (3rd Edition)*. Tome 3. Pearson, 2004. ISBN : 978-0201543612.

[DK99] E. DOMBRE et W. KHALIL. *Modélisation identification et commande des robots*. Hermes Sciences Publicat., 1999. ISBN : 978-2746200036.

[Lat91] J.-C. LATOMBE. *Robot Motion Planning*. Tome 124. The Springer International Series in Engineering and Computer Science. Springer, 31 août 1991. 672 pages. ISBN : 978-0-7923-9206-4.

[MLS17] R. M. MURRAY, Z. LI et S. S. SASTRY. *A Mathematical Introduction to Robotic Manipulation*. CRC Press, 2017. ISBN : 978-1138440166.

[SK16] B. Siciliano et O. Khatib. *Springer Handbook of Robotics (Springer Handbooks)*. Sous la direction de B. Siciliano et O. Khatib. Springer, 2016. ISBN : 978-3319325507.

[SHV05] M. Spong, S. Hutchinson et M. Vidyasagar. *Robot Modeling and Control*. Tome 3. John Wiley & Sons Ltd, 1er nov. 2005. 496 pages. ISBN : 978-0471649908.

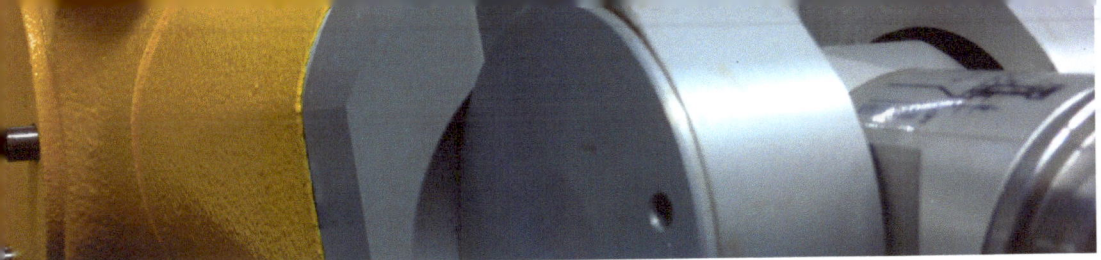

Index

2R, 69
3R, 25, 46
4R, 130
6R, 13, 82, 121

Adept, 77

Boston Dynamics, 130

Centrifuge, 51, 55
Coriolis, 16, 51, 55, 69

Dynamique, 51, 55, 58, 66, 69

Euler-Lagrange, 58, 66, 69

Grue, 137

Kuka, 121

MGI, 111, 121

Pelle mécanique, 111

RRT, 32, 37, 43
RTT, 137

SCARA, 51, 55, 94
Sphérique, 25, 37
Stäubli, 77

T3R, 89, 94
T4R, 111
TR, 20, 58
Trajectoire, 75

Viper, 82